U0193492

云计算图像加密算法研究

李 莉 韦鹏程 杨华千 著

科学出版社

北 京

内 容 简 介

本书对数字图像加密技术和云计算技术进行了分析和研究，提出了自适应彩色图像加密算法和基于二次密钥流的快速图像加密算法，结合云存储技术设计了一种基于云环境的加密图像存储及提取方案，对 IMO 的云计算资源调度进行可行性分析并建立资源调度数学模型和物理模型，最后对 Merkle 树结构进行改造以构造一种新的外包数据库多用户多关键词可验证密文搜索方案。

本书适合密码学、信息安全、计算机及相关学科高年级本科生、研究生、教师和科研人员阅读参考，也可作为云计算和图像加密研究工作者的参考用书。

图书在版编目(CIP)数据

云计算图像加密算法研究/李莉，韦鹏程，杨华千著. —北京：科学出版社，2021.5

ISBN 978-7-03-061291-5

Ⅰ.①云… Ⅱ.①李… ②韦… ③杨… Ⅲ.① 图像编码-加密技术-研究 Ⅳ.①TN919.81

中国版本图书馆 CIP 数据核字（2019）第 099968 号

责任编辑：王会明 / 责任校对：王万红
责任印制：吕春珉 / 封面设计：耕 者

科学出版社 出版

北京东黄城根北街 16 号
邮政编码：100717
http://www.sciencep.com

三河市骏杰印刷有限公司印刷

科学出版社发行 各地新华书店经销

*

2021 年 5 月第 一 版 开本：B5（720×1000）
2021 年 5 月第一次印刷 印张：10 3/4
字数：214 000

定价：86.00 元

（如有印装质量问题，我社负责调换〈骏杰〉）

销售部电话 010-62136230 编辑部电话 010-62135397-2008

随着计算机处理能力和互联网技术的飞速发展，多媒体信息已经广泛渗透到社会的多个领域中。众所周知，音/视频、数字图像等需要通过网络传输的多媒体信息在传输过程中很容易被泄露甚至篡改。所以，在通信过程中，如何保证多媒体信息安全是一个值得探讨的内容，混沌密码学的研究和应用正好可以解决这一问题。同时，对于用户来说，当需要处理的图像数据达到一定数量时，运行加密或者解密算法会严重降低本地计算机性能。云计算作为一种按需付费并且用户可随时获取网络上各类资源的技术，其强大的计算和存储能力可以很好地解决以上问题。本书首先对数字图像加密技术和云计算技术进行分析研究，然后提出自适应彩色图像加密算法和基于二次密钥流的快速图像加密算法，结合云存储技术设计了一种基于云环境的加密图像存储及提取方案，对离子运动算法（ions motion algorithm，IMO）的云计算资源调度进行了可行性分析，并且建立了资源调度数学模型和物理模型，最后对 Merkle 树结构进行改造，以构造一种新的外包数据库多用户多关键词可验证密文搜索方案。本书的主要研究内容有以下几个方面。

1）介绍空域图像加密的密码学基础、空域图像加密的基本思想、图像加密的性能要求与指标和扩散结构。

2）提出改进后的 M 变换，根据 MASK 并行加密思想，结合自适应加密算法的思想，提出一种新型自适应并行彩色图像加密算法。在该算法中，首先生成加密子密钥用于 A 变换，然后对图像进行分块，每块为 4×4 个像素，采用 A、M、S 变换对每个块进行扩散和替代，最后使用自适应算法实现图像置乱，重复此过程直到规定的轮数为止。

3）重新设计了密钥流发生器，利用耦合映像格子（coupled map lattice，CML）生成初始密钥流，然后结合 S 盒和矩阵变换生成最终密钥流。两次密钥流分别用作置乱加密和扩散加密，既满足了置乱和扩散对密钥流随机性的要求，同时也大大降低了算法复杂度，巧妙地利用了图像的大小与密钥流之间的关系，将图像像素矩阵的列数乘以混沌序列，然后取整即可得到像素的行循环移位数组；同理，将像素矩阵的行数乘以混沌序列，然后取整转置即可得到列循环移位数组。通过循环移位实现置乱加密。扩散加密是利用分块的思想，先将前一块密文与当前置乱块异或，然后再与最终密钥流异或，达到改变明文统计特性的目的。仿真结果表明，该算法具有较好抵抗各类攻击的能力。

4）通过改进的三方审计协议验证外包给云服务器的加密图像的完整性。本地用户请求云服务器的外包数据，通过验证算法对请求做出判断，若判断结果为允许则在云端运行解密算法，返还解密数据；授权用户要获取云端数据，首先必须向本地用户发起请求，请求成功才能获得与本地用户同等的权限，从而获取外包数据。

5）研究一种新型 IMO 优化的验证问题，通过模拟阴离子与阳离子相互吸引和排斥进行优化，并将其外包到云计算中。提出了一种可验证的 IMO 算法及其验证算法，验证云的真实性和有效性。

6）研究一种可提供有效证明的数据库外包及分享方案，通过对 Merkle 树结构进行改造以构造一种新的数据持有性证明算法，结合广播加密、双线性累加器等方法实现数据持有性证明、多关键词搜索结果完整性检验、数据更新及证明、用户权限管理等功能。

作者对刘嘉勇老师、雷烈硕士、柳迎莹硕士、周震硕士、姜娇硕士的鼎力支持表示感谢。该专著出版得到重庆市儿童大数据工程实验室、重庆市交互式教育电子工程技术研究中心、重庆市计算机科学与技术重点学科、重庆市计算科学与技术特色专业和重庆市教育委员会科学技术研究计划重点项目（项目编号：KJZD-K201801601）、重庆市教育委员会科技项目（项目编号：KJ1601401）、重庆第二师范学院科技项目（项目编号：KY201725C）的支持，在此特表示感谢。

由于作者水平有限，书中不妥之处在所难免，恳请读者批评指正。

作 者

2020 年 10 月于重庆

目 录

第1章 绪 论

20 世纪 90 年代，多媒体技术已经广泛应用到娱乐、科学、军事及医疗等领域。基于先进的 Internet 技术，数字信息可以方便、快捷地在网上进行传输，但在这个过程中信息可能遭到窃取甚至篡改，多媒体信息的安全性存在严重的隐患。据研究资料表明，每隔 20s，全世界就会发生一起黑客入侵事件[1]。具体来讲，主要问题包括以下几个方面。

1）许多多媒体信息未进行保密，如公司机密、企业策划方案等，如果这些信息遭到泄露，公司和个人将面临严重的经济损失。

2）多媒体数据在 Internet 上通常使用公共信道而不是通过 VPN 这类安全专用通道进行传输，这样容易造成信息被窃取甚至被篡改。

3）付费电子商品，如高分辨率图像、高清视频，要注意非授权用户的非法访问；否则会大大减少经营该商品商家的收入。

以上问题都说明虽然网络给当今社会带来了很多便利，但是也给不法分子利用网络进行犯罪、黑客访问非授权数据提供了可乘之机，必须使用特殊的技术防止信息被窃取和篡改，多媒体信息加密技术就是一种行之有效的技术，这类技术在各行各业有着广泛的应用。

1.1 云计算图像加密概述

众所周知，信息安全对于保证信息传输以及信息存储的安全有着重要的战略发展地位。提到信息安全，人们首先想到的就是数据加密。数据加密作为密码学的重要分支，早已广泛应用到人们的日常生活当中。早在 20 世纪 70 年代，美国就制定了数据加密标准（data encryption standard，DES），紧接着 Whitfield Diffie 和 Martin Hellman 也提出了 Diffie-Hellman 公钥密码算法，由此推动了整个密码学的发展，信息安全也逐渐成为一门崭新的学科。密码学是信息安全的核心技术，也是最为关键的技术。信息需要具备四个特性，即保密性（confidentiality）、完整性（integrity）、可用性（availability）和可控性（controllability）。要确保数据信息的保密性，利用密钥对数据信息加密是最有效的方法；要确保数据信息的完整性，利用密码学中的签名技术对数据信息进行数字签名，然后进行身份认证，最后对数据信息实施完整性校验是目前实际可行的方法；要确保电子信息和信息系统被授权用户所用，通过信息系统账号密码登录管理，并对授权用户实行存储管理很容易实现；数据信息经过处理之后如果不可控是没有意义的，通过有效的密码对数据信息进行管理，确保数据信息的可控性。密码学技术提高了发送者和接收者传输信息的可信度，通过对发送者发送的数据进行加密，以确保非法拦截者或者非法攻击者无法获取正确的数据信息，数据最终可以正确、完整地发送给合法的接收者。目前的密码学技术不但可以用来对数据信息进行加密以保证通信安全，而且可以有效地用作数字签名、身份识别等，防止了电子诈骗，这对通信系统的安全起到了至关重要的作用。

数据信息的种类多种多样，一般以文字、图形、图像、视频和音频为主。由于图像数据一方面在通信系统中表现出来的信息量很大；另一方面呈现给用户的信息非常直观，因此它成为目前互联网数据通信的重要载体。以图像作为载体对数据进行加密的方法很多，近年来国内外专家研究较多的是以混沌理论为基础，对图像数据进行加密。混沌系统具有对初值敏感性、不确定性和无周期性等优点，而这些优点可以使得混沌系统与密码学的结合让数字图像加密系统更加安全、可靠，因此混沌理论受到了密码学领域专家的广泛关注。

图像加密算法复杂度越高，攻击者越难截获图像数据，意味着通信系统越安全。但是，图像数据与视频数据达到一定的量会明显降低计算机的传输性能，这对计算机的存储能力也是一个不小的挑战。云计算技术为计算机提供了强大的计算能力和存储能力，云计算作为目前互联网技术的一种新的计算模式和服务模型，它通过将各类资源进行整合，形成一种可进行统一管理与调度的资源池，再利用网络为客户提供一种按需购买、按用付费的存储服务。由于云端存储用户数据具有价格低廉、管理方便、安全可靠等优点，越来越多的个体用户和企业都愿意将数据存储在云端。当然，图像作为目前数据信息的重要载体之一，在各个行业中扮演着越来越重要的角色，如医疗、广告、娱乐、体育、教育等领域，每个领域都存储着一个大型的图像库，并且这个图像库具有庞大的存储空间和高效的处理效率以满足增删图片和识别图片的要求，因此，大规模的云存储服务器成为各行各业高效存储和管理图像数据的迫切需求，也成为帮助企业迅速发展的有效工具。

云计算（cloud computing）是分布式计算技术的一种，其最基本的概念是通过网络将庞大的计算处理程序自动拆分成无数个较小的子程序，再交由多台服务器所组成的庞大系统经搜寻、计算分析之后将处理结果回传给用户。通过这项技术，网络服务提供者可以在数秒之内处理数以千万计甚至亿计的信息，达到与"超级计算机"同样强大效能的网络服务。整个云环境由云计算"基础设施"与云计算"操作系统"组成，它们按需为上层云计算应用提供、分配、管理各种资源，是云计算服务模式整体正常高效运行的基础。云服务不仅使资源分配更加合理，也使得人们的日常生活和工作更加自由和便捷。

　　云计算为用户提供了强大的计算能力和充足的存储空间，使得云计算成为企业外包图像数据和处理图像数据的首要选择。企业将海量的图像数据外包给云后，不需要在本地维护大规模的图像数据库，同时还节省了本地大量的存储资源，用户要获取图像数据，只要获得了企业的授权信息，即可搜索和浏览云端的图像数据。尽管通过云计算存储和处理图像数据有诸多优势，但是在企业、用户和云服务器三者之间交互数据的过程中，如果图像数据在传输过程中被非法用户或攻击者恶意破坏和篡改，那么外包数据就毫无意义。因此，如何保证图像数据在云存储过程中的安全性和完整性，成为人们最关心的问题之一。

　　为了保证图像数据的安全性，数据拥有者在将图像数据外包给云服务器之前，先将图像数据加密，可以很好地解决数据的安全性问题。要验证外包的图像数据以及用户浏览的图像数据是否完整，需要对交互的图像数据进行审计，审计通过才能证明该图像数据是有效数据。此研究属于云计算环境下的数据加密范畴，将为数据加密以及云端提取数据提供新的理论与方法，对云计算行业的发展具有重要的意义。

　　另外，云计算的特性主要表现为资源动态性分布，云用户需求动态性变化。此前，云计算主要通过预先配置资源、资源分配固定等方式解决云用户的服务需求，但这种方式目前已不能满足多用户动态资源需求。因此，只有改变按配置付费方式，为资源的动态分布进行动态配置，才能从根本上解决对云用户的服务需求。但是关于动态资源动态配置的问题依然存在较多不足。

　　固定资源配置方式容易使资源池中资源不能被合理利用，造成的资源浪费加重了云环境的负载，这一负载不均的情况不能满足云用户的服务要求，同时也降低了云用户服务体验。由于传统的资源分配和调度方式不能满足云用户服务质量（quality of service，QoS）方面的需求，同时云环境也很难达到负载均衡的状态。因此，在云计算中需要采用科学合理的动态资源调配算法，同时对资源分配进行深入研究，以提高云用户的服务体验和增加云平台的使用效率。

　　目前从云计算的发展看，主要存在三个主体，即云用户、云环境和云服务提供商。对云服务提供商而言，他们主要关注整体的运营成本以及企业营业利润。获得利润的关键在于如何为客户带来更好的服务体验，其中科学的云计算资源调配方法更为重要，在提升服务能力、提高资源利用率的同时降低运营成本才能提升自身在市场中的竞争力。同时，合理高效地利用资源不仅使得云环境具有稳定性和健壮性，还扩展了物理硬件的使用周期。

　　对云环境而言，效率和负载均衡是最为注重的。由于资源分布和资源分配策略的异构性和复杂性，并且云环境中资源种类各式各样，难以统计。这些因素的存在加大了对云计算资源进行调度的难度。因此，需要采用科学合理的云计算资源调度分配策略，达到对云环境资源的实时监控与动态管理的目的，并且通过对云计算的资源调配、虚拟机资源的动态调整及放置，云环境中的资源配置可以实现最优化。此外，动态资源的调度分配也可以满足云用户对资源的需求，不仅使云环境实现负载均衡，也使得云环境中的资源消耗得到有效降低。从整体上提高云计算的综合性能。

对云用户来说，他们主要关心时间成本、费用成本以及总体服务质量。由于不同类型的云用户是根据实际的需要对资源进行实时动态申请的，这样就不需要消耗过多的精力进行分配管理，更能专注于自己的业务，提高效率，同时降低工作成本。设计合理的云资源调度分配策略可以在满足云用户需求的同时提升服务质量。

但是，目前的云计算调度算法大多只关注如何缩短任务完成时间，只注重云本身的工作效率，而忽视了云服务资源利用率以及云用户对实际服务质量的需求。不合理、不科学的云计算资源调度策略会造成云资源浪费的情况，也可能使系统在运行时不够稳定，不能满足云用户实际服务质量日趋严格的需求。云用户是云服务提供商的消费者，如果失去了用户，云服务提供商的存在就没有意义，严重影响云计算的发展。

1.2　国内外研究成果

20 世纪 40 年代，香农（Shannon）提出了一种类似于"揉面团"的置乱方法[2]。其基本思想是将一块面团擀成薄片，然后再重叠起来，重复这两个动作直至各部分能够充分混合。在 20 世纪 90 年代后期，学术界掀起了研究图像加密算法的热潮。

1.2.1　混沌加密算法

从研究方向上看，图像加密算法主要分为以下三类[3]。

（1）第一类是基于置乱和替代的图像加密算法

通过对图像的像素进行置乱或者替代，像素值或者像素的位置就发生了改变，从而达到了加密图像的目的。通过置乱像素加密图像，具有计算复杂度低、操作简单、加密时间短、实时性高等优点，但仅置乱像素是不够的，因为在加密的前后图像的直方图并不会发生任何变化。一种更理想的、研究更多的方法是将置乱和替代结合进行多轮迭代，但这样会改变像素值间的关联特性，也会大大降低图像的压缩率，因此此类算法并不适用于应用压缩编码。Kim 等[4]提出了一种基于像素扰乱的图像加密算法，即分别对图像像素矩阵的行和列进行置乱，这也是目前使用最广泛的一种图像加密算法。杨善义[5]通过实验结果分析，仅仅通过对数字图像的像素进行置乱，虽然可以达到数据信息加密的目的，但是其抵抗攻击的能力并不强。在此基础上，他提出了一种像素置乱和扩散相结合的办法，即先通过 Logistic 混沌映射产生两个一维 Logistic 混沌序列，对原始图像的像素值进行像素置乱，然后基于图像分割的思想将图像分块，最后通过扩散函数对像素矩阵进行置乱。实验结果表明，该算法验证了置乱和扩散能够保证加密图像的安全性。舒永录等[6]提出了一种同时对数字图像进行置乱和扩散的方法，首先通过一个 Ulam-von Neuman 映射控制两个 Logistic 混沌映射产生一对混沌序列，再以扫描的方式对数字图像的每一个像素点进行置乱，紧接着对该像素进行一次扩散，直到加密算法结束。仿真结果表明，与单独进行置乱和扩散的加密算法相比，该算法具有更大的密钥空间，鲁棒性也更好。Chen 等[7]随后也提出了一种新的基于扩散策略的像素间置乱的快速图像加密算法，证明了两个像素异或之后，其像素分布更加均匀，从而保证了加密过程的高随机性。

（2）第二类是基于混沌的图像加密算法

混沌系统用于数据加密是由英国数学家 Matthews[8]提出的，这类加密算法之所以引起广大学者的兴趣，是因为简单并且确定的动力学系统产生的混沌信号可以表现出非常复杂的动力学特性。也就是说，随着迭代轮数的增加，初始值任何细微的偏差，在结果中都会以指数级形式呈现出来。这个特性符合香农提出的密码设计应遵循的扩散原则，因此混沌加密算法特别适合图像加密。针对彩色图像的三个颜色分量，王英等[9]提出了一种新型的混沌加密算法，首先通过对 Lorenz 系统输出的混沌序列值进行预处理，根据预处理结果构成置乱矩阵，然后对彩色图像的三个颜色分量进行置乱。与 Arnold 置乱相比，该算法利用图像自身的三个颜色分量与 8×8 块式空域置乱，在获得较好置乱度的同时，较大地提高了置乱的效率。与此同时，该算法的高维混沌系统密钥空间保证了算法的保密性和安全性。通过引入混沌系统，算法能够达到较高的安全性，然而为了达到这种安全性，算法通常需要多轮迭代，这使得加密速度通常不尽如人意。

（3）第三类是图像选择加密算法

这类算法的核心思想是选择图像的一部分进行加密，在不改变数据格式的条件下降低加密的数据量，提高加密的速度，能够满足实时性要求。由于该算法只是选择图像的一部分进行加密，因此可以对加密后的数据直接进行操作。Spanos 和 Maples[10]提出了一种新型的可用于 JPEG 和 MPEG 图像的选择加密算法，该算法只加密了 MPEG 视频流中的 I 帧，但是离开了 I 帧，B 帧和 P 帧也就无法进行重构了。这种加密算法是格式兼容的，虽然降低了压缩效率，但只降低了 50%左右，因而在压缩效率与数据加密安全性之间求得了平衡。以加密数据的性质区分，第一类算法、第二类算法均属于图像空域加密算法，因为这两类算法是直接对像素值进行加密操作；第三类算法属于图像变换域加密算法，因为这一类算法是对进行离散余弦变换（discrete cosine transform，DCT）等变换后的系数进行加密。

在电商、银行、医疗等领域,很多时候既要保证通信系统的安全性,也要确保通信的效率。因此,加密算法也不能过于复杂,否则会影响通信质量。加密算法的复杂度一方面体现在对图像数据像素的处理上,另一方面体现在密钥流发生器产生的密钥流上。针对后者,Zhang 等[11]利用 CML 产生密钥流生成两个简单的扩散序列,设计了一种时间复杂度相对较低的图像加密算法。仿真分析表明,通过该算法生成的密钥流,其密钥空间大且随机性高。

1.2.2 云计算

2006 年 8 月,谷歌公司在搜索引擎大会上提出了云计算的概念。云计算是指用户通过网络获取自己所需的各类资源以及相关服务。从技术层面看,云计算是分布式计算、网络存储、虚拟化、并行计算、负载均衡等传统计算机技术以及网络技术结合的产物[12]。云计算拥有超大规模的计算能力和庞大的存储空间,其巨大的应用前景吸引着越来越多的专家开始着手研究如何有效地利用这些优点。云计算也被广大学者及相关领域人士认为是下一代计算机网络应用技术的核心架构。在云环境下,传统的用户再也不用花费高额的费用去购买硬件和软件来提高计算能力和存储空间,所有的这一切都可以通过云计算服务提供商实现,既节约了大量的成本,也无须耗费大量的精力。

云计算的概念源自不同类型的技术,如网格计算、分布式系统、集群计算和效用计算,在互联网上为第三方提供 IT 服务。美国国家标准和技术研究院(National Institute of Standards and Technology,NIST)[13]总结描述了云计算的定义,指出云计算是一种可以通过网络并且以便利的、按需付费方式来获得计算资源的模式,可获得的计算资源主要有应用服务、服务器、存储以及网络等。这些资源都来源于一个共享并且可配置的资源池,而且可以用无人干预和较为省力的方式获取并释放。由 NIST 定义的云计算关键功能如下。

(1)按需服务

云计算提供按需服务,云用户可以根据自身的不同需要获得相应的计算服务。

(2)网络访问广泛

云计算资源可以通过网络广泛地进行设备访问,如 PC(个人计算机)、平板电脑和智能手机。

(3)资源池

数据中心资源包括 CPU、网络和存储。这些资源被汇集起来以提供对多个并发用户的访问。

(4)快速弹性

云计算资源可根据用户需要灵活地分配或回收。这些计算资源可以根据工作负载的变化进行伸缩。

（5）度量服务

云计算可以监视和测量云系统中的资源，如内存、网络带宽和 CPU 利用率。

云计算按照服务类型分为以下三种模式。

（1）软件即服务（software as a service，SaaS）

软件应用程序由云提供商托管，并通过 Internet 向消费者提供。消费者可以使用软件应用程序，而不需要进行软件安装、维护或更新，也不需要管理底层的云基础设施。在人们的日常生活中，比较典型的应用就是经常使用的各类网盘，如腾讯微云盘、百度云盘等，作为用户只需要通过访问浏览器或者客户端就可以在云盘上上传或者下载文件，不需要将文件存储在本地占用有限的存储空间。

（2）平台即服务（platform as a service，PaaS）

云计算提供商为其使用者提供平台服务，由提供者支持的编程语言、库、服务和工具部署他们创建的应用程序。消费者可以使用这个云平台，而不需要管理底层的云基础设施。比较典型的 PaaS 有新浪公司的 App Engine 平台和百度公司的百度云开放平台等。

（3）基础设施即服务（infrastructure as a service，IaaS）

这是一种为用户提供存储空间、处理器和网络等基本资源的服务。在这个模型中，服务提供者是基础设施的所有者，并且负责维护[如 Amazon Elastic Compute Cloud（EC2）]。在这种类型的服务中，用户控制硬件，这意味着用户负责伸缩和故障转移过程，因为可伸缩性和故障转移过程是依赖应用程序的。用户可以在不管理底层云基础设施的情况下，以动态的方式分配或回收资源。

云计算按照所有权和可访问性的服务方式，也可以分为三类，即私有云、公有云及混合云。

（1）私有云

在私有云中，基础设施由用户拥有。这种类型的云通常用于应用程序开发。用户在私有云（如控制带宽）上有很高的控制能力。此外，私有云具有高度的安全性和服务灵活性。私有云的另一个应用是金融服务，高水平的安全性是私有云可以提供金融服务的基本特征。

（2）公有云

在公有云中，基础设施由云提供商拥有。在这种类型的云服务中，服务可以通过互联网公开。公有云中的服务可用性很高，但与私有云相比，安全级别较低。用户无法控制公有云，因此与私有云相比，其服务灵活性较低。

（3）混合云

混合云是公有云和私有云的结合，它们可以相互链接。在 IT 服务的特定时期或高峰期，因为在混合云环境中，公有云与私有云结合在一起，可能会出现额外的容量。所以，工作负载可以从私有云转移到公有云；反之亦然。因此，如果云中出现故障，服务仍然可以供用户使用。

国内外对于云计算研究和应用的分布格局已大体形成，主要以研发能力强劲、财力雄厚的传统 IT 企业和新兴的互联网企业为主导力量，如国外的 IBM、微软、谷歌、亚马逊以及国内的华为、阿里巴巴、腾讯、百度等公司。同时，在科技企业的背后也有着学术界研究人员对云计算研究的不懈努力和支持。

早在 2007 年，IBM 公司就提出了"蓝云"计划，该计划聚合了 IBM 公司的多个云计算产品。IBM 公司计划构建一个分布式数据中心，可以在任何地点访问，在云中提供一系列商业服务，使服务变得更加便捷和安全。紧接着在 2008 年，微软公司发布了旗下第一个云计算服务平台（Azure），这标志着微软公司正式进军云计算领域。谷歌公司以分布式资源管理、分布式大型数据管理、分布式文件系统等技术以及并行计算编程方式为基础构建了 Google App Engine 云计算平台和相关服务。百度公司正在逐渐从"框"计算模式向"云"计算模式迁移，以建立自己的云计算服务数据中心；华为公司推出了云计算产品 Cloud Ex，该产品主要基于云的托管服务和在线存储虚拟化服务；阿里巴巴公司作为后起之秀，研发出了云 OS，并通过将其现有商业资源融合到云平台中，依靠云计算平台制造高度可靠的、可扩展的以及低成本的灵活业务服务模型；腾讯公司利用云计算技术深度整合其丰富的网络社交平台资源，已使其服务更为多元化和便捷化，同时利用对第三方服务的兼容性进一步扩大其服务体系。

云计算是通过使计算分布在大量的分布式计算机上，单机成云，而非本地计算机或远程服务器中，它意味着计算能力也可以作为一种商品进行流通，就像煤气、水、电一样，取用方便，费用低廉，如图 1.1 所示。云计算的应用可以把四面八方的资源集合起来，供其中的每个成员使用。云计算具备以下特点。首先，云计算提供了最安全和可靠的数据存储中心，用户不用再担心数据丢失、病毒入侵、网络拓扑架构等问题，因为在云端有专业的团队帮助用户管理数据。同时，严格的权限控制管理策略可以使用户放心地与授权用户共享数据。其次，云计算对用户端的设备要求最低，用户只要有一个瘦客户端，在浏览器中输入网址，就可以尽情享受云计算带来的无限乐趣。此外，云计算可以轻松实现不同设备之间的数据与应用共享。在云计算模式中，数据只有一份存在云端，不同的用户只需要连接互联网，在授权的状态下就可以同时访问和使用这份数据。最后，云计算为用户存储和管理数据提供了几乎无限多的空间和强大的计算能力，云计算框架如图 1.2 所示。

在美国，云计算在政府机构的 IT 政策和战略中扮演着越来越重要的角色。政府正在大力推行云计算计划，涉及政府网站改革、整合商业、社交媒体、生产力应用与云端产业等诸多方面。目前，美国硅谷已经有多家涉及云计算的企业，新的商业模式层出不穷，公开宣布进入或支持云计算技术开发的业界巨头包括微软、

图 1.1　云计算示意图　　　　　图 1.2　云计算框架

谷歌、IBM、亚马逊、NetSuite、NetApp、Adobe 等公司。欧盟于 2010 年初完成的一份关于云计算未来的报告中，建议欧盟及其成员国为云计算研究与技术开发提供激励，并制定适当的管理框架促进云计算的应用。英国在最近发布的"数字英国报告"中，呼吁加强政府的"云计算"部署。欧盟和 IBM 公司以及一些学术机构签署了一项合作协议以组建一个新的关于云计算的研究联盟[14-18]。这个工作组旨在帮助中小企业理解云计算系统的性质、结构和业务目的，让中小企业使用新的"电子服务"（云计算服务）解决复杂的与 IT 有关的业务流程。这个名为ACSI 的项目，将利用新的和现有的开源软件，设法解决企业在优化集中管理的平台中使用单独管理电子服务时遇到的问题。在我国，各地政府均加强了对云计算产业的研究，许多企业也做了超前的布局。例如，北京市计算中心与 Platform 软件公司共建联合实验室，推进"北京云"的建设。江苏省无锡市联手 IBM 公司创建了世界第一个商业云计算中心，在无锡云计算中心建设规划中，IBM 公司为帮助无锡加强云计算中心基础设施建设，重点搭建商务云平台、开发云平台和政务云平台三大云计算服务平台。中国移动研究院等研究机构也在云计算方面展开了超前的探索，目前已经完成了云计算中心试验。中国移动、中国联通、世纪互联、鹏博士等企业也在积极投入云计算技术和产品的研发，推出了部分产品和试验平台[19,20]。

1.2.3　云计算安全存储

云计算为用户提供巨大便捷的同时，也可能导致用户隐私信息的暴露，这也是近年来导致互联网犯罪频发的主要原因。2011 年，全球互联网犯罪所造成的经济损失已经达到 3880 亿美元，这比全世界所有的毒品违法交易产生的金额总数还要高出好几倍[21]。显然，互联网安全已经成为当今人们关注的重点，而依赖互联网的云计算也不可避免地成为应用过程中的重中之重。传统的互联网服务，90%的应用软件和数据信息都运行或存储在本地物理设备上，完全在用户的可控范围内，一旦出现安全漏洞，用户需花费大量的时间和精力去寻找漏洞以及运行维护。

但是，在云计算环境下，运行应用软件和存储数据信息全部转移到庞大的网络数据服务中心，所有应用服务以及数据信息管理都委托给云计算服务提供商完成，这就形成了安全云存储的概念。

云存储是基于云计算的概念衍生出来的新事物，云存储主要是云计算中海量的存储空间。与传统的存储方式相比，云存储技术的独特之处在于：首先云存储为数据的保存提供存储空间；同时，云存储平台还有一整套的网络设备提供相关设备间的通信工作。公共访问接口为外包数据用户提供可访问和操作的接口。在传统的本地存储中用户需要了解存储物理设备的属性，包括设备型号、内存、存储容量、接口等内容。同时为了保证数据不丢失还需要数据灾备系统，需要特定的管理人员对数据进行定期检查和维护。在云存储中，用户只需要将保存的数据上传到云存储空间，数据维护工作全部由云存储服务器完成。云存储服务是一种按需付费的服务，用户可能需要支付一部分费用，但是这些问题在传统存储方式中也是存在的，如需要采购价值不菲的硬件设备。随着云存储技术日趋成熟，用户会倾向于选择相对开销较少、操作简单、数据稳定安全的云存储服务。云存储必将成为数据存储的优先选择，但同时安全问题也日益凸显，如用户数据隐私、用户数据丢失等。因此，想要保证云存储技术能够得到广泛应用，首先必须解决云存储中的数据安全问题。数据安全问题历来都备受研究者的关注，云存储的提出又为数据存储安全带来了全新的挑战，目前，云存储的数据安全问题已成为当前的研究热点[22-25]。把数据保存至云端，可以为用户带来诸多便利，但同时也会带来诸多担忧。首先，数据的拥有者会担心他们的数据会不会不小心被泄露或者是被未授权用户非法访问；其次，数据拥有者会担心他们的数据在某个时刻被不小心丢失。虽然有专业的团队管理数据，甚至还有安全级别很高的容灾机制防止数据的丢失，但是并不能100%保证，一些不可预料的因素仍然会导致数据丢失[26]。云存储服务商为了给用户信心，会对数据提供一些安全性保障，比如对数据进行两地三中心的备份或者固定时间做镜像，这些方法可以有效防止数据丢失，但是并没有对数据的完整性和一致性进行验证。数据的完整性包括数据的正确性、有效性和一致性，数据的完整性是对数据安全性的基本要求。假设用户已经将数据保存至云端，在用户访问数据前，先要对数据的完整性进行检验，检验通过则进行存取。传统的方法是将所有数据全部下载到本地，然后逐个进行验证。这种做法耗时并且需要浪费带宽下载到本地，并不是一种性价比高的做法，而且云端的数据海量且具有动态变化性，因此需要针对云存储的数据完整性检测的方法，既保证能完成对数据进行完整性检测，又能在速度上保持高效并且不浪费用户的资源，同时还能支持云存储的数据动态变化性。当今云存储技术越来越成为主流的存储方式和发展趋势。伴随着云存储技术的发展，保证数据完整性的技术研究也一直在发展中。可以发现，国内外的数据完整性验证方法分为以下几种：基于消息认证码（message authentication code，MAC）方法、基于同态认证方法、基于"哨兵"的完整性检测方法、基于数据签名方法和基于网络安全编码方法。下面逐一对这几种验证方法进行介绍。

1. 基于 MAC 方法

MAC 方法在信息安全算法中出现的时间很早，属于 Hash 算法，是利用指定的密钥生成一个固定长度的密文，无论明文的长度多长，生成的密文长度总是固定的[27]。注意，MAC 方法与加密方法不同的是，它的算法是不可逆操作，更加不容易被攻击者攻破。$\text{MAC} = C_k(M)$，其中 M 是一个变长的消息，k 是收发双方共享的密钥，$C_k(M)$ 是定长的认证符。在实际应用中，发送者将消息 M 和此认证符一起发给接收者 $(M, C_k(M))$。接收者在收到消息后，计算 $\text{MAC}' = C_k(M')$，然后比较 $\text{MAC}' = \text{MAC}$，若相等则说明消息未被篡改，若不等则说明消息被改动了。基于消息认证的方法需要提前计算相应数据的 Hash 散列值，同时在接收方验证时还需要原始数据信息，这样可能导致信息泄露。

2. 基于同态认证方法

同态映射是两个不同的集合之间映射。主要包括两种类型，即同态 Hash 值和同态标签。同态 Hash 值方法是通过对数据块利用 Euler 公式的计算结果完成验证工作，该方法中数据持有者只需要保存数据的 Hash 值[28]。同态标签验证是通过密钥交换方法验证数据的完整性，验证者不需要存储标签信息，减少了相关的存储开销。

3. 基于"哨兵"的完整性检测方法

这个方法最早是在 POR（Protal）协议中提出的，主要思路就是在数据中随机地插入小段的数据作为哨兵，检测时可以通过对哨兵的检测来替代对整个文件的检测[29]。它的安全性在于哨兵数据和原始文件除了数据拥有者清楚之外其他人无法分辨出来。所以当文件被篡改时，只有原始数据被改动而哨兵没有被改动的概率极低。因此，哨兵数据的改动意味着原始数据已经被攻击者篡改了。同时为了增强算法的健壮性，在预处理阶段使用了误差校正码。在协议中，首先对数据进行预处理，分为四部分，即纠错、加密、产生哨兵、置换，预处理全部由用户完成。在 POR 协议中，哨兵数据的位置只有数据拥有者清楚，当文件被篡改时，分为两种情况。第一是由于外界因素，如误操作或者是传输过程中的噪声导致原文发生了小的改变。第二就是黑客对文件大面积的恶意篡改，或者由于服务器崩溃导致大部分文件遭到损毁，云服务器恢复数据时产生的错误数据段就嵌入在原始文件中。在第一种情况下，少量的文件出错还可能无法检测出来，但是由于数据段本身嵌入了纠错码，不会影响数据的使用。第二种情况下，如果大量数据发生了差错，此时只有原始文件被篡改而哨兵文件依旧保持完好的概率是非常小的，所以这样的行为是可以被检测出来的。但是哨兵检测法也有自己的缺陷，由于 POR 协议每次检测都会消耗一部分哨兵，使用过的哨兵就已经暴露了自己在原文中的位置，如果黑客恶意修改文件时避开了这些哨兵，这些使用过的哨兵就不能继续发挥效用了。POR 协议会随着检测次数的增加，而降低检测的精确度。而且此协议是以检测哨兵的完整性推测整个数据完整性的，所以当哨兵的数量过大时，通信量也会非常大。

4. 基于数据签名方法

该方法首先基于双线性映射提出了一种高效、快速的签名方法，特点是短签名的长度一般在百位范围内。该方法的安全性主要来自椭圆曲线上的假设。双线性映射算法在密码学中有很广泛的应用。基于数据签名方法是一种高效、计算量小、批量完整性验证的方法[30]。比较来看，每种数据完整性检测算法都有相应的优、缺点。在基于消息认证的方法中，主要是采用 Hash 散列值对完整性进行验证，但在相关云存储完整性验证中通常需要三方验证，这样会将相关的用户信息泄露给第三方审计员。在同态验证中，由于 Hash 值仅由数据持有者所有，这样不符合云存储达到公开验证的需求。目前，在云存储中数据完整性验证算法应用较多的是同态标签方法或短签名方法。

5. 基于网络安全编码方法

高层协议规范：高层协议的基本要素是一致的。假设所传送的信息为 F，安全的级别为 λ，处理所需要的密钥为 K，处理后的信息为 F'，其中包含传递到云端的验证信息[31]。云端收到来自用户的查询 q，则云端使用 F' 生成一个检验 Γ，检验的结果为 δ。总地来说，一个标准、安全的高层协议[SCS=(KeyGen,Outsource, Audit,Prove,Verify)]应包含以下五个算法步骤。

步骤 1　KeyGen(λ)->K：输入安全等级 λ，用户运算此算法得到私钥 K。

步骤 2　Outsource $(F;K)$->F'：输入 F 和 K，用户运算此算法得到外包的信息 F'，其中 F' 包含验证的信息，然后把 F' 发送到云端。

步骤 3　Audit(K)->q：输入密钥，用户运算此算法得到一个审计查询 q，发送到云端。

步骤 4　Prove (q,F')->Γ：输入审计查询 q，通过 C_r 计算检验 Γ。

步骤 5　Verify $(q,\Gamma;K)$->δ：输入审计查询 q 和检验 Γ，用户通过密钥 K 检查检验 Γ 是否正确，$\delta=1$ 时正确，$\delta=0$ 时错误。

高层协议的具体种类有很多，该项目研究的是网络安全编码协议，网络安全编码模型如图 1.3 所示。在模型中，有三种实体，即发送者、路由器和接收者。发送者希望通过网络将数据广播给一组接收者。发送者将数据划分成若干个包，然后将这些包的线性组合发送到网络中，网络中的路由器将收到的包进行线性组合传递给下一跳。当接收者收到足够的编码包后，通过求解线性方程组就可以得到原始的数据。为了防止路由器在网络中恶意篡改数据，发送者会在每个数据包中附带发送一些认证信息。路由器收到数据包后，线性组合数据包同时也线性组合认证信息。认证信息的计算是通过一个特定的网络安全编码协议实现的。

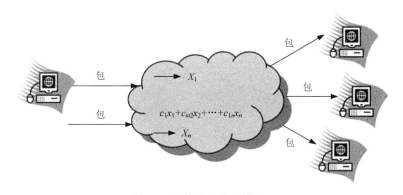

图 1.3　网络安全编码模型

对于网络安全编码协议 SCS=(KeyGen,Auth,Combine,Verify)而言，它所对应的四个算法步骤如下。

步骤 1　KeyGen(λ)→(SK,PK)：输入安全等级 λ，用户运算此算法得到私钥 SK 和用于包验证的公钥 PK。

步骤 2　Auth$(x_i;\mathrm{SK})\to(x_i,t_i)$：输入包 $x_i\in\mathbb{F}_p^{n+m}$，发送者计算得到认证信息 t_i，然后将(x_i,t_i)发送给云端。

步骤 3　Combine$(\{u_i,t_i\}_{i=1,2,\cdots,l},\{c_1,c_2,\cdots,c_l\})\to(w,t)$：路由器接收到包的集合 $u_i\in\mathbb{F}_p^{n+m}$ 和认证信息 t_i 后，路由器运算此算法得到系数为 $\{c_1,c_2,\cdots,c_l\}$ 的组合包 $w\in\mathbb{F}_p^{n+m}$ 和组合的认证信息 t。

步骤 4　Verify$(w,t)\to\delta$：输入 $w\in\mathbb{F}_p^{n+m}$ 和认证信息 t，接收者运行此算法验证包是否被恶意篡改了。若 $\delta=1$，说明包没有被篡改；若 $\delta=0$，说明包被篡改了。

1.2.4　云资源调度与服务外包

云计算资源分布在世界各地的数据中心，数据中心作为服务供应的支柱，在扩大云计算的规模中发挥了关键作用。近年来，数据中心的数量迅速增长。现在，服务提供商可能拥有一个或多个不同地理分布的数据中心，有的从其他数据中心服务中租赁，有的由服务提供商自己构建。例如谷歌公司，到 2019 年已拥有数十个遍布全球的数据中心。数据中心为托管在内部的服务提供了强大的支持。它们帮助服务提供商通过提供质量保证服务产生收入。但是为了管理这些数据中心，需要花费大量费用。因此，在竞争激烈的商业环境中，科学高效地对数据中心进行资源管理显得至关重要。

在云计算系统中，资源调度是极为重要的一项工作，直接影响着云计算平台的综合性能。云计算环境中的资源调度是指在特定资源环境中使用特定资源，调整不同的资源使用者。实施中主要划分为以下四个步骤：①资源请求阶段，属于资源调度的独立模块之一，但是在资源请求过程中会有不同程度的资源约束限制；②资源发现阶段，云环境自检测所有的资源池，从而区分有效信息和无效信息，通过对有效信息的收集建立可用的资源列表；③资源选择阶段，从资源发现阶段建立的资源表中选择适当的服务资源，这一阶段采用调度算法监测评估资源，并根据实际情况选择适当的调度函数选择资源；④资源监视阶段，为云用户提供优化资源服务的同时，也会对优化的资源进行实时动态监控。当资源发生异常时，系统会重新分配或删除该部分资源，确保资源能被云用户正常使用。当任务结束时，系统会回收优化资源。

目前，关于云计算资源调度主要着重研究资源调度策略和资源调度算法[32,33]。关于云计算资源调度策略，VMware 公司的研究重点是通过考虑虚拟机的动态迁移和容灾备份对资源进行虚拟化。通过 vReplicator 服务运行虚拟机，并将实时应用复制到远端 ESX 主机，以达到异地容灾的目的，另外为保证系统的负载均衡使用分布式调度，如 Hadoop 是基于 Map Reduce 架构对云资源进行调度。通过定义用户服务请求的优先级，使用队列策略进行资源调度分配。Hadoop 调度策略考虑了公平调度分配系统资源以及负载均衡[34,35]。关于云计算资源调度算法，主要研究以 Min-Min 算法[36]和 Min-Max 算法[37]及 Sufferage[22]算法等为代表的传统算法和以遗传算法（genetic algorithm，GA）、粒子群算法（particle swarm optimization，PSO）、蚁群算法（ant colony optimization，ACO）等为代表的启发式算法。传统算法比较容易实现，形式简单，所以难以处理复杂的问题，而云计算资源调度就是要解决规模大、多任务调度 NP 完全性问题。在大多数情况下，以 GA、PSO、ACO 等为代表的启发式算法中 PSO 的性能优于 GA 和 ACO，而且执行时间也更快[38]。与 GA 和 ACO 相比，PSO 更简单。Wu 等[39]把 PSO 应用到资源调度中，对工作流调度问题进行了广泛的研究，降低了通信成本和最大完成时间。总之，这些启发式算法参数设置固定，具有较好的优化能力，但是在早期收敛时容易陷入局部最优解的过程中，导致最优解不是全局最优，在云计算资源调度中不能有效地应用。因此，本章提出一种基于 IMO 的资源调度策略，用以提高云计算资源调度的整体性能。

云服务外包算法研究的是如何将一些基本的科学计算（如解决工程问题的基

本工具）外包于云端。此算法的标准模型中包含两个主要的实体即客户端和云端，客户端有 LE 或者 LP 问题 Φ。考虑到有限的计算能力，客户端希望将问题 Φ 外包到计算能力很强的云端。为了保护隐私，客户端首先使用密钥 K 加密原始问题 Φ，从而得到一个新的问题 Φ_k。加密不会改变问题的结构，但是把问题转变成了另一个相关的 LE 或者 LP 问题。然后新的问题 Φ_k 被传递到云端求解。云端求解出了 Φ_k 并且把 Φ_k 的解和一个证明解是否正确的检验 Γ 传递给客户端。使用密钥 K，客户端检验解，如果正确，客户端进行解密后得到原始问题 Φ_k 的解，如果不正确，则客户端拒绝接受。为了完成问题的求解，客户端和云端必须进行多次通信，如图 1.4 所示。

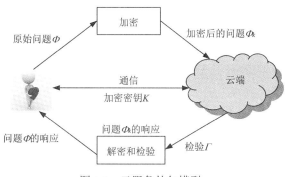

图 1.4　云服务外包模型

总之，一个标准的云计算服务外包协议（COP）应包含以下四个算法步骤[40]：COP =(KeyGen,Probtransform,Probsolve, Resultverify)，具体如下。

步骤 1　KeyGen(1^λ)：输入安全等级 λ，运行此算法得到一对密钥(SK,PK)，这对密钥会在 Paillier 公钥同态加密算法中使用。将 Paillier 公钥同态加密算法表示为 Paillier=(Paillier.Encpk(),Paillier.Decpk())。该算法具有同态的属性，即 Paillier.Dec(Paillier.Enc(m)c)=mc。m 是原文中的任意信息，c 是一个常数。为了标识问题的正确解，同时生成一个 $n \times 1$ 的向量 r，输出 $K=(PK,SK,r)$。

步骤 2　Probtransform(Φ)：输入一个线性等式 $\Phi=(A,b)$，运行此算法加密 Φ 得到一个新的问题 $\Phi_k=(T',c')$，$T'=\text{Paillier.Enc}pk(T)$，$T=-D^{-1}R$，$c'=D^{-1}(b+Ar)$，$A=D+R$。注意，$\Phi_k$ 的正确解为 $x+r$，x 是 Φ 的解，r 是密钥 K 的一部分。

步骤 3　Probsolve(Φ_k)：运行此算法需要客户端和云端的参与。首先客户端选择任意一个值 $x^{(0)}$，然后将 $x^{(0)}$ 发送到云端，云端使用计算 Paillier 公钥加密算法得到 Paillier.Encpk($T \cdot x^{(0)}$)，然后传送到客户端，客户端进行解密得到 $x^{(1)}=Tx^{(0)}+c'$。重复 $k+1$ 轮直到 $\|x^{(k+1)}-x^{(k)}\|$ 足够小，那就意味着收敛解已经找到了，最后算法输出找到的这个解 x^*。

步骤 4　Resultverify(Φ_k)：输入解 x^*，客户端检查公式 $Ax^*=(b+Ar)$ 是否成

立，如果成立，对解进行解密，即 $x^* - r$ ，如果不成立，则拒绝解 x^* 。

1.3　研　究　内　容

本书的主要研究内容包括以下几点。

1）系统介绍了空域数字图像加密基础。其中包括密码学基础、图像加密的应用模式与性能要求、扩散技术，为设计出一个优良的空域加密算法提供了理论支持。

2）详细介绍了自适应加密算法，并行彩色图像加密算法以及性能分析，为新算法的提出奠定了理论基础，并提出了一种基于自适应的并行彩色图像加密算法及其仿真实验结果和实验结果分析。

3）利用基于二次密钥加密算法对图像数据进行加密，使得数据能够抵抗穷举攻击、统计攻击、差分攻击等，从而保证了图像数据的安全性。

4）基于 LFSR（linear-feedback shift register，线性反馈移位寄存器）周期性原则，对 LFSR 的位数做了最大化估算，保证 LFSR 产生的密钥能够满足最坏情况下的需求；设计了一种高位的 LFSR 用于生成伪随机序列（pseudo random number generator，PRNG）；在加密过程中，设计了一种替代和扩散结合的算法用于图像加密。

5）利用云平台提供的云存储服务以及改进三方审计模型，进一步提高了算法的安全性，同时降低了用户设备性能损耗。

6）提出基于离子运动的云计算资源调度算法。简单介绍了 IMO 的基础知识以及实现方法，并根据云计算平台的特点设计了相应的物理模型，将 IMO 结合起来，实现云环境中资源的动态部署，最优化调度策略，提高了云计算的整体性能。运用 Cloud Sim 仿真软件对本书提出的算法进行仿真实验，在提出的 IMO 的基础上，分析和验证了云计算资源调度的性能。

7）对传统 Merkle 树结构进行改造，结合广播加密、双线性累加器等多种方法，提出一种新的外包数据库多用户多关键词可验证密文搜索方案。方案可验证多关键词搜索结果完备性。与现有方案相比，该方案更加灵活，所需验证信息存储空间更小，验证所需数据少。

根据研究内容，本书的结构安排如下。

第 1 章绪论，主要阐述课题的研究背景及意义，并介绍目前国内外发展现状。

第 2 章空域数字图像加密基础，主要介绍密码学基础、空域图像加密基本思想和图像加密扩散结构，这些是设计出一个优良的空域加密算法应该考虑的问题。

第 3 章云环境下的混沌图像加密概述。该章首先对混沌理论的基本概念、混沌的特征以及混沌的应用等情况进行详细介绍；然后，针对数字图像加密技术，介绍该领域中图像加密的基本方法和加密技术的发展概况，并说明加密技术的安全性分析方法；最后对云存储技术的发展和应用进行详细介绍。

第 4 章自适应图像加密算法，主要介绍基于自适应的彩色图像加密算法，包括自适应加密思想应用于彩色图像及其加/解密过程；并行图像加密算法，包括并行加密的模型及框架、基于混沌映射的并行图像加密算法、基于高级加密标准（advanced encryption standard，AES）算法的并行图像加密算法、基于 MASK 变换的并行图像加密算法。

第 5 章自适应加密与并行加密相结合的彩色图像加密算法，主要介绍自适应加密思想与并行加密思想的结合、CML 混沌加密系统、加/解密过程，同时给出了仿真实验结果和实验结果分析。

第 6 章基于二次密钥加密的快速图像加密算法。该算法设计了一种新的密钥流发生器，将 CML 生成的密钥流作为一次密钥流，利用 SMT 矩阵变换将一次密钥流变换区间，将其作为 S 盒的索引，取出二次密钥流。采用置乱扩散的思想达到图像加密的目的。通过 MATLAB 进行实验仿真，对仿真结果做了详细的对比与分析，并对本章进行总结。

第 7 章高位 LFSR 的设计及其在图像快速加密中的应用，这是一种灰度图像加密算法。从实验结果来看，此加密算法时间快、性能好，加密后图像达到了相应的安全性指标。

第 8 章基于云环境的加密图像存储及提取方案，主要介绍基于安全云存储模型提出了一种新的三方审计及数据提取模型，数据用户外包图像数据给云，三方审计通过审计外包数据验证其完整性，数据用户和授权用户可以随时提取数据。由于该模型在传统审计模型的基础上多了一个实体（授权用户），并且数据用户与授权用户提取云端数据的方式是不一样的，从而进一步保证了外包数据的安全性。通过搭建云平台，对实验进行仿真，并对仿真结果进行了分析。

第 9 章云计算资源调度分析，主要对云计算资源调度进行整体概述，总结和分析了云计算资源调度的特点和主要目标。介绍了 IMO 的理论基础，并对其进行了数学描述，然后详细描述了 IMO 的具体实现过程，应用 MATLAB 对 IMO 和 PSO 进行实验分析。

第 10 章基于 IMO 的云计算资源调度分析与设计，主要对云计算资源调度的可行性进行分析，建立资源调度数学模型和物理模型。对 CloudSim 云计算仿真平台的体系结构和系统工作方式进行简单介绍，应用 CloudSim 云计算仿真平台进行具体仿真实验分析。

第 11 章多用户多关键词的外包数据库可验证密文搜索方案，主要对 Merkle 树结构进行改造以构造一种新的外包数据库多用户多关键词可验证密文搜索方案。并在此基础上，结合广播加密、双线性累加器等多种方法，实现了可提供有效证明的数据库外包及分享方案。该方案支持多关键词搜索结果完整性检验、数据有效更新及证明、用户分享权限有效管理等功能，最后分析方案的正确性、有效性及性能。

参 考 文 献

[1]　高志国，龙文辉. 反黑客教程[M]. 北京：中国对外翻译出版公司，1999.

[2]　SHANNONC E. Communication theory of secrecy systems [J]. Bell Systems Technical Journal, 1949, 28(4): 656-715.

[3]　赖师悦. 自适应波传播的空域图像加密算法的研究与实现[D]. 重庆：重庆大学，2010.

[4]　KIM H, WEN J T, VILLASENOR J D. Secure arithmetic coding[C]// Learning and Teaching in Computing and Engineering. Macau: IEEE Press, 2013: 98-105.

[5]　杨善义. 基于混沌的数字图像加密算法研究[D]. 黑龙江：哈尔滨理工大学，2009.

[6]　舒永录，张玉书，肖迪，等. 基于置乱扩散同步实现的图像加密算法[J]. 兰州大学学报（自然科学版），2012, 48(2): 113-116.

[7]　CHEN J X, ZHU Z L, FU C, et al. A fast image encryption scheme with a novel pixel swapping-based confusion approach[J]. Nonlinear Dynamics, 2014, 77(4): 1191-1207.

[8]　MATTHEWS R. On the derivation of a chaotic encryption algorithm [J]. Crypto Logia, 1989, 103(1): 29-42.

[9]　王英，郑德玲，王振龙. 空域彩色图像混沌加密算法[J]. 计算机辅助设计与图形学学报，2006, 18(6): 45-48.

[10]　SPANOS G A, MAPLES T B. Performance study of a selective encryption scheme for the security of networked, real-time video[C]// Computer Communication and Networking. Las Vegas: IEEE Press, 1995: 2-10.

[11]　ZHANG X P, ZHAO Z M, WANG J Y. Chaotic image encryption based on circular substitution box and key stream buffer[J]. Signal Processing Image Communication, 2014, 29(8): 902-913.

[12]　雷万云. 云计算：技术、平台及应用案例[M]. 北京：清华大学出版社，2011.

[13]　MELL P, GRANCE T. The NIST definition of cloud computing[R]. National Institute of Standards and Technology, 2011.

[14]　CHANG F，DEAN J，GHEMAWAT S, et al. BigTable: A distributed storage system for structured data[C]// The 7th USENIX Symposium on Operating Systems Design and Implementation. Berkeley: USENIX Association, 2006: 205-218.

[15]　ZHANG Y X, ZHOU Y Z. 4VP+: A novel meta OS approach for streaming programs in ubiquitous computing[C]// Conference on Advanced Information Networking and Applications. Los Alamitos: IEEE Computer Society, 2007: 394-403.

[16]　ZHANG Y X, ZHOU Y Z. Transparent computing: A new paradigm for pervasive computing[C]// Conference on Ubiquitous Intelligence and Computing. Wuhan: Springer, 2006: 1-11.

[17]　陈康，郑纬民. 云计算：系统实例与研究现状[J]. 软件学报，2009, 20(5): 1337-1348.

[18]　王文娟，杜学绘，王娜，等. 云计算安全审计技术研究综述[J]. 计算机科学，2017, 44(7): 16-20.

[19]　杨健，汪海航，王剑，等. 云计算安全问题研究综述[J]. 小型微型计算机系统，2012, 33(3): 472-479.

[20]　PINKAS B, SADEGHIA R, Smart N P. Secure computing in the cloud[J]. IEEE, 2012(9): 15-17.

[21]　ETRO F. The economics of cloud computing[J]. Social Science Electronic Publishing, 2012, 2(2): 7-22.

[22]　MUNIR E U, LI J, SHI S. QoS sufferage heuristic for independent task scheduling in grid[J]. Information Technology Journal, 2007, 6(8): 1166-1170.

[23]　SURAJ P, WU L L, GURU S M, et al. A particle swarm optimization-based heuristic for scheduling workflow applications in cloud computing environments[C]// International Conference on Advanced Information Networking and Applications. Perth: IEEE, 2010: 400-407.

[24] WU Z J, NI Z W, GU L C, et al. A revised discrete particle swarm optimization for cloud workflow scheduling[C]// International Conference on Computational Intelligence and Security. Nanning: IEEE, 2010: 184-188.

[25] TAO Q, CHANG H Y, YI Y, et al. QoS constrained grid workflow scheduling optimization based on a novel PSO algorithm[C]// Eighth International Conference on, Grid and Cooperative Computing. Lanzhou: IEEE, 2009: 153-159.

[26] 蒋雄伟, 马范援. 中间件与分布式计算[J]. 计算机应用, 2002, 22(4): 5-8.

[27] DU W. A study of several specific secure two-party computation problems[D]. West Lafayette: Purdue University, 2001.

[28] GALBRAITH S. Mathematics of public key cryptography[M]. Cambridge: Cambridge University Press, 2012.

[29] GAREY M R, JOHNSON D S. Computers and intractability[M]. New York: Freeman, 1979.

[30] GENNARO R, GENTRY C, PARNO B. Non-interactive verifiable computing: Outsourcing computation to untrusted workers[C]// Annual Cryptology Conference. Santa Barbara: Springer, 2010: 465-482.

[31] GENNARO R, KATZ J, KRAWCZYK H, et al. Secure network coding over the integers[C]// International Conference on Public Key Cryptography-PKC. Paris: Springer, 2010: 142-160.

[32] HANKARWAR M U, PAWAR A V. Security and privacy in cloud computing: A survey[C]// Proceedings of the International Conference on Frontiers of Intelligent Computing: Theory and Applications. Bhubaneswar: Springer, 2015: 105-112.

[33] 刘鹏. 云计算[M]. 北京: 电子工业出版社, 2010.

[34] 曾述青. 基于 PaaS 平台电信互联网融合业务的研究[D]. 广州: 华南理工大学, 2011.

[35] FOPING F S, DOKAS I M, FEEHAN J, et al. A new hybrid schema-sharing technique for multitenant applications[C]// International Conference on Digital Information Management. Ann Arbor: IEEE, 2009: 1-6.

[36] WU M Y, SHU W, ZHANG H. Segmented min-min: A static mapping algorithm for meta-tasks on heterogeneous computing systems[C]// Heterogeneous Computing Workshop. Cancun: IEEE, 2000: 372-385.

[37] ETMINANI K, NAGHIBZADEH M. A min-min max-min selective algorithm for grid task scheduling[C]// International Conference in Central Asia on Internet. Tashkent: IEEE, 2007: 2-7.

[38] ZHANG H W, XIE J W, GE J A, et al. An Entropy-based PSO for DAR task scheduling problem [J]. Applied Soft Computing, 2018, 73: 862-873.

[39] WU Z J, NI Z W, GUL C, et al. A revised discrete particle swarm optimization for cloud workflow scheduling[C]// International Conference on Computational Intelligence and Security. Nanning: IEEE, 2010: 184-188.

[40] WANG C, REN K, WANG J, et al. Harnessing the cloud for securely solving large-scale systems of linear equations[C]// International Conference on Distributed Computing Systems. Minneapolis: IEEE, 2011: 549-558.

第2章 空域数字图像加密基础

20 世纪 70 年代初，密码学逐步发展成为一套比较完善的密码学系统和与之对应的密码分析学系统。随着计算机技术的迅猛发展，密码学不仅可以用于保密通信，同时也可以用于安全信息存储、身份识别和消息认证等多个领域。如今密码学已经成为保证信息安全最有效的手段之一。总体而言，一个完整的密码体制如图 2.1 所示。

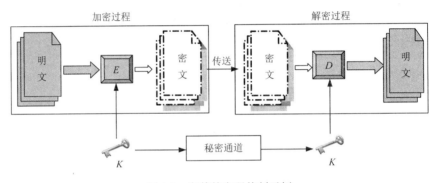

图 2.1 完整的密码体制示例

2.1 密码学基础

一个比较完善的密码体制应该具备以下四个条件[1]。

1）唯密钥保密性。根据 Kerckhoffs 定理，加密算法是公开的，保密的只是密钥。

2）可逆性。在已知明文和加密密钥的情况下，加密需要快速；同理，在已知密文和解密密钥的情况下，解密需要快速。

3）不可解性。要求算法是安全的，即在不知道密钥的情况下，根据已知的加密算法和密文无法推出明文。

4）应用简便性。一个好的密码体制要求其操作简单。算法所执行的操作易于在计算机上实现，并且不会占用太多的计算资源。

2.1.1 加密算法体制

加密算法体制分为对称和非对称两种。其中，对称加密算法的加密密钥和解密密钥是一样的，如图 2.2 所示。

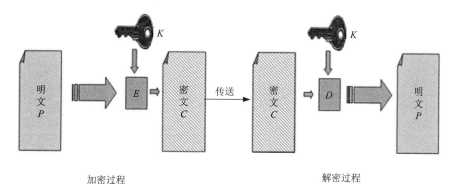

图 2.2　对称加密算法的模型

在图 2.2 中，明文 P 表示加密前的信息；密文 C 表示加密后的信息；K 指的是密钥，它是一个需要保密的数据，用来加密或解密数据；加密算法 E 指的是将明文加密成密文的算法，可表示为

$$C = E_K(P) \tag{2.1}$$

相反地，解密算法 D 指的是将密文解密成明文的算法，可表示为

$$P = D_K(C) \tag{2.2}$$

比较常用的对称加密算法包括 AES、DES、Cast、Blowfish、IDEA（international data encryption algorithm，国际数据加密算法）。对称加密算法的特点是加密速度很快，但同时却存在着这样一个问题：它要求加密密钥和解密密钥一致，当加密密钥发生变化时，相应地解密密钥也必须发生变化，这使得密钥的分发和保管成为一大难题。

非对称加密算法也称公开密钥加密算法，它的加密密钥和解密密钥是不一样的，它的加密过程如下：发送方使用公开密钥对明文进行加密，接收方使用私有密钥进行解密。由公开密钥推知私有密钥在计算上是不可行的，因此即使密文在传递过程中被其他人截获，仅凭公开密钥和密文仍然无法推知明文。公开密钥加密算法虽然有效地解决了密钥分发和保管的难题，但是本身的计算速度比对称加密算法慢很多，因此非对称加密算法一般用来加密对称加密算法的密钥。比较常用的非对称加密算法包括 RSA、ELGamal。非对称加密算法模型如图 2.3 所示。

在图 2.3 中，K_{PUB} 表示加密算法的公开密钥；K_{PRI} 表示接收方的私有密钥。其他注释与对称加密算法模型中类似。

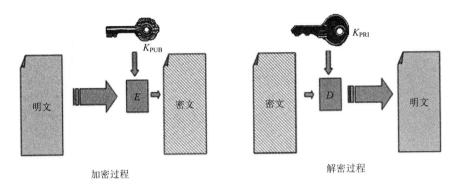

图 2.3 非对称加密算法模型

2.1.2 分组密码

1. 基本特性

分组密码（block cipher）是将明文消息进行 0/1 编码后，划分为长度为 N 的分组，经过密钥控制后，得到长度固定的密文序列。以前常用 64bit 作为分组长度，但容易被攻破，如今要求分组长度至少为 128bit。一般情况下，分组加密算法应具备混淆和扩散两个基本原则。

（1）混淆原则

在分组密码算法中，密文可以看成关于明文和密钥的函数。在设计分组密码算法时，必须让这种函数关系足够复杂（如非线性变换），使得攻击者无法利用这种关系，使用任何一种代数方法都无法计算出密钥的任何信息。

（2）扩散原则

扩散原则指的是明文或者密钥任何一个微小的变化都会对密文产生很大的影响，这种影响也叫作雪崩效应。

2. 基本操作

在分组密码中最常用的两个基本操作是替代和置换。

（1）替代

替代指的是对明文元素数值一对一的改变，元素的数值改变了，但是位置关系没有发生变化，如图 2.4 所示。

（2）置换

置换指的是明文元素的数值没有改变，但是各元素的位置关系改变了，如图 2.5 所示。

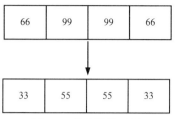

图 2.4　替代操作示例

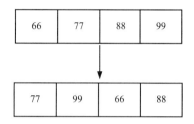

图 2.5　置换操作示例

密码学界公认的比较理想的分组长度是 64bit 或 128bit，目前常用的分组密码算法有 3-DES、AES，它们都支持 128bit 的加密。

2.1.3　流密码

流密码（stream cipher）也称为序列密码。在流密码中，首先将明文按照一定长度进行分组，分组后的明文形成的序列称为明文流，加密时通过主密钥生成子密钥流序列，要求这个子密钥流序列和明文序列长度相同，将明文流序列和子密钥流序列中的对应项依次输入专门的加密函数形成一个密文流，其过程如下。

设明文流：$P = P_1 P_2 \cdots P_i \cdots P_n$。

密钥流：$K = K_1 K_2 \cdots K_i \cdots K_n$。

加密算法：$C = C_1 C_2 \cdots C_i \cdots C_n = E_{K_1}(P_1) E_{K_2}(P_2) \cdots E_{K_i}(P_i) \cdots E_{K_n}(P_n)$。

解密算法：$P = P_1 P_2 \cdots P_i \cdots P_n = D_{K_1}(C_1) D_{K_2}(C_2) \cdots D_{K_i}(C_i) \cdots D_{K_n}(C_n)$。

流密码的核心是生成子密钥流，其基本思想是通过 LFSR 以及非线性变换等环节使长度较短的密钥 K 产生一个随机性非常好的伪随机数密钥流 $K_1 K_2 \cdots K_i \cdots K_n$。

与分组密码不同的是流密码是有记忆性的。子密钥流 K 是由密钥流发生器 f 产生的：$K_i = f(K, \sigma_i)$，这里 σ_i 表示密钥流发生器中的记忆元件，存储在时刻 i 的状态。其中，明文会影响存储状态，因此 $\sigma_i(i > 0)$ 与 K、σ_0 及 $P_1, P_2, \cdots, P_n$ 等参数有关，如图 2.6 所示。

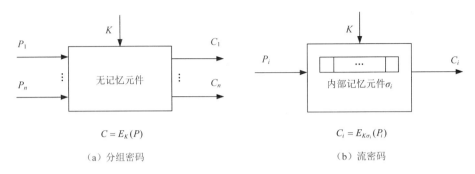

$$C = E_K(P)$$

（a）分组密码

$$C_i = E_{K\sigma_i}(P_i)$$

（b）流密码

图 2.6　分组密码与流密码之间的区别

在流密码中，首先对明文信息进行分组，每段分组长度较短，然后对各段使用相关但不同的密钥加密，即使是相同的明文分组，如果在明文序列中所处的位置发生变化，那么所对应的密文分组也不同。在分组密码中，首先也是按照一定的长度对明文信息进行分组，每段分组长度较长，然后对每个分组都使用完全相同的密钥进行加密，即使在明文序列中相同的明文分组所处的位置发生变化，其对应的密文分组也是相同的。相比分组密码而言，流密码包含以下四个优点。

1）在硬件实现上，流密码加密函数的逻辑不会很复杂，因此流密码不需要很复杂的硬件去实现，同时流密码的加密速度与分组加密算法相比具有较大的优势。

2）在某些情况下，如电信应用中，如果缓冲不足，或者需要对收到的字符依次进行处理时，这时流密码显得更为合适。

3）针对流密码已经有很多比较好的数学分析方法，如代数分析等。

4）流密码能够较好地隐藏明文的统计特征，使明文、密钥、密文三者在统计上不存在任何相关性。

在实际应用中，密钥流都是按照一定的算法生成的，因此不可能做到完全随机，这种随机称为伪随机，而流密码体制的安全性完全依赖密钥流来实现，为了保障流密码体制具有更高的安全性，要求密钥流具有尽可能随机的特性。具体要求如下。

1）流密码算法产生的密钥流是伪随机的，要求密钥流的周期尽可能大。

2）良好的统计特性，其密钥、明文、密文在统计上是无关的。

3）密钥流生成器具有较好的线性复杂度。

4）能够抵抗各种攻击。

虽然分组密码算法和流密码算法有很大的不同，但是在如今的研究中流密码算法也可以根据 CFB（cipher feedback，密码反馈）或 OFB（output feedback，输出反馈）这两种分组密码模式产生。

1）图 2.7 给出了利用 CFB 模式生成密钥流的过程。

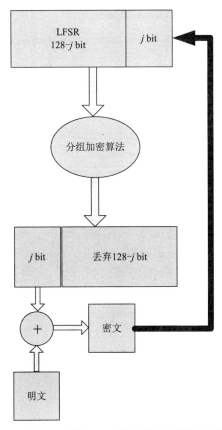

图 2.7　利用 CFB 模式生成密钥流过程

在 CFB 模式中存在一个 128bit 的 LFSR。利用 AES 分组加密算法加密 128bit 的寄存器生成 128bit 的数据，将左边 j 位与明文 $j$bit 异或得到密文，LFSR 左移 j 位留出 $j$bit 的位置给 $j$bit 的密文。

2）图 2.8 给出了利用 OFB 模式生成密钥流的过程。

OFB 与 CFB 类似，所不同的是在 OFB 模式中，不是将密文输出到寄存器的最右边 j 位中，而是将 128bit 数据的最左边 j 位输入寄存器。这样做的优点是在传递密文的过程中，如果部分密文丢失或者发生变化，那么在密文解密时只有丢失或发生变化的密文的解密会出现错误而不是整个密文解密都会出现错误，这样可以防止错误的扩散。

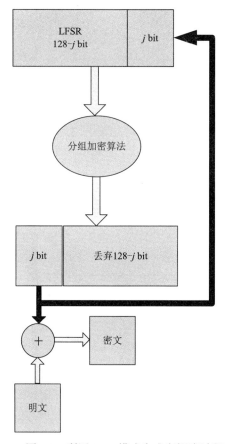

图 2.8　利用 OFB 模式生成密钥流过程

2.1.4　密码分析

1. 密码的安全性

当设计好密码体制时，还需要对这个体制进行密码学分析，评估其安全性，一般有理论的安全、完美的安全和计算的安全这三种安全性，它是由香农提出来的[2]。

（1）理论的安全

若系统的密文是随机均匀分布的，认为该系统的唯密文攻击难度与穷举攻击难度是一样的，然而这样的系统在实际中是不存在的，对现实的指导意义也不大。

（2）完美的安全

若系统的明文和密文是相互独立的，意味着即使攻击者获得了密文，对它解密明文也是没有任何指导意义的。理论上完美的安全比理论的安全更容易实现，但是在现实中意义同样不大。因此，香农认为一个密码系统的安全性取决于其计算的复杂性，即计算的安全。

（3）计算的安全

在实际中，计算的安全是可行的，许多密码系统就是基于计算的安全设计的，如 DES。密码系统中计算的安全可以通过扩散和混淆来实现，也可以通过增加迭代的轮数来实现。

2. 密码体制分析方法

目前，密码体制的主要分析方法有以下三种。

（1）穷举攻击

穷举攻击指攻击者穷举密钥空间中的所有可能的密钥使密文恢复成明文。严格来讲，只要存在足够的存储空间和计算空间，任何密码体制都是不安全的，都可以采用穷举攻击的方法穷举出正确的密钥。但在实际应用中，在时间和存储空间有限的情况下，可以通过增大密钥空间、增强密钥敏感性和提高算法复杂度等方法抵抗穷举攻击。一般来说，密钥空间在 2^{128} 以上的加密算法被认为是能抵抗穷举攻击的。

（2）统计分析攻击

由于明文图像中存在一定的冗余，这种冗余在统计上表现出一定的规律，如果在密文中，攻击者也找出一定的统计规律，通过分析找出这两种规律的对应关系进而破译出密钥。统计分析攻击是一种比较有效的攻击手段。特别是当密码体制仅仅设计成一种置乱算法时，统计分析攻击就是一种非常高效的攻击手段。为了抵抗这种攻击，密码体制设计者应该尽量避免密文、密钥、明文在统计上存在某种明显的关系。

（3）数学变换攻击

攻击者可以根据数学变换，将一个或者几个已知量代入数学公式求出未知量，为了抵抗这种攻击，密码算法的设计者应该保证加密算法含有较深的数学基础。

3. 按攻击方式分类

就攻击方式而言，按照攻击难度从易到难可以分为以下三种[2]。

（1）选择明文攻击

选择明文攻击指的是假设在攻击过程中使用相同密钥的情况下，任意选择明文可以提供相应的密文，攻击者根据明文段和相应的密文段的对应关系推理出密钥。

（2）已知明文攻击

已知明文攻击指的是假设在攻击过程中使用相同密钥的情况下，得到明文段和密文段，攻击者根据明文段和密文段推理出密钥。与选择明文攻击不同的是，已知明文攻击不能任意选择明文并得出相应的密文，因此这种攻击的分析难度高于选择明文攻击。

（3）唯密文攻击

唯密文攻击指的是假设在攻击过程中使用相同密钥的情况下，仅得到密文段，根据密文段的特征推理出密钥。这种攻击的分析难度是三种攻击中分析难度最高的。

通常在测试加密算法的安全性时，应该考虑所用算法是否能够抵抗以上三种攻击。

2.2　空域图像加密基本思想

总体来说，空域图像加密算法的基本思想可以分为以下三类。

1）置乱：改变像素位置不改变像素值[3-5]。

2）替代：改变像素值不改变像素位置[6-8]。

3）两种方法的结合[9]。

2.2.1　置乱

图像置乱变换算法是一种图像加密技术，它通过改变像素的位置打乱原来的图像。置乱变换是一种可逆变换。

在仿真实验中，通常用一个二维矩阵 $A(M \times N)$ 表示二维图像，矩阵元素 $A(i, j)$ 表示图像第 i 行第 j 列上的像素。图像置乱的本质就是矩阵变换，矩阵变换前后图像的直方图特性不会发生任何变化。

图像置乱变换算法主要包括以下几种。

1. 标准（Standard）映射

离散的 Standard 映射定义如下：

$$\begin{cases} x_{i+1} = (x_i + y_i) \bmod N \\ y_{i+1} = \left(y_i + K \sin \dfrac{x_{i+1} N}{2\pi} \right) \bmod N \end{cases} \tag{2.3}$$

式中，$K>0$，$K \in \mathbf{Z}$；(x_i, y_i) 表示映射前像素的位置；(x_{i+1}, y_{i+1}) 表示该像素经 Standard 映射后的位置；N 表示图像是大小为 $N \times N$ 的图像。

原始图像及其经 Standard 映射后所得图像如图 2.9 所示。

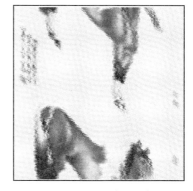

（a）原始图像　　　　　　　　　　（b）Standard 映射后图像

图 2.9　Standard 映射

2. 猫（Arnold）映射

点集在计算机屏幕上表现为单位正方形上离散像素组成的矩阵如果像素的坐标 $x_i, y_i \in \{0,1,2,\cdots,N-1\}$，那么 Arnold 映射可定义如下：

$$\begin{pmatrix} x_{i+1} \\ y_{i+1} \end{pmatrix} = \begin{pmatrix} 1 & 1 \\ 1 & 2 \end{pmatrix}\begin{pmatrix} x_i \\ y_i \end{pmatrix} \bmod N \tag{2.4}$$

式中，(x_i, y_i) 表示映射前像素的位置；(x_{i+1}, y_{i+1}) 表示该像素经 Arnold 映射后的位置；N 表示图像是大小为 $N \times N$ 的图像。Arnold 映射可以看作是裁剪和拼接的过程。通过这一过程将离散化的数字图像矩阵中的点重新排列。

原始图像及其经 Arnold 映射后所得图像如图 2.10 所示。

（a）原始图像　　　　　　　　　　（b）Arnold 映射后图像

图 2.10　Arnold 映射

3. 面包师（Baker）映射

Baker 映射是 Bernoulli 推移的推广，是一一映射，其定义如下：

$$(x_{i+1}, y_{i+1}) = \begin{cases} \left(2x_i, \dfrac{y_i}{2}\right), & 0 \leqslant x_i < \dfrac{N}{2} \\[3mm] \left(2x_i - N, \dfrac{y_i+1}{2}\right), & \dfrac{N}{2} \leqslant x_i \leqslant N \end{cases} \qquad (2.5)$$

式中，(x_i, y_i) 表示映射前像素的位置；(x_{i+1}, y_{i+1}) 表示该像素经 Baker 映射后的位置；N 表示图像是大小为 $N \times N$ 的图像。

原始图像及其经 Baker 映射后所得图像如图 2.11 所示。

（a）原始图像　　　　　　　　　　　（b）Baker 映射后图像

图 2.11　Baker 映射

4. 魔方（Magic）映射

魔方玩具是一个由若干个子块构成的立方体，通过转动这些子块，可以把魔方表面原有的图像打乱，并且通过逆向操作可以将图像还原。可以借助这一思想，对数字图像进行置乱。魔方的转动可以看成是对二维图像对应位置进行循环移位，其定义如下：

$$I'(i, j) = I(\mathrm{mod}(i + j, M), j) \qquad (2.6)$$

式中，(i, j) 为像素的位置；M 为图像的长或宽。

Magic 映射中，原始图像各相邻的像素经置乱后大都保持空间相邻状态，因此这种方法置乱效果较差，为了得到较好的置乱效果，需要多次重复 Magic 映射，计算量较大。

原始图像及其经 Magic 映射后所得图像如图 2.12 所示。

如今对图像置乱变换算法的研究非常多，置乱算法虽然可以通过打乱图像像素的位置达到加密图像的目的，但是却存在以下不足。

1）经过多次置乱之后才能达到理想的置乱效果。

2）置乱前后图像的直方图不会发生变化，因此安全性较低，容易受到选择明文攻击。

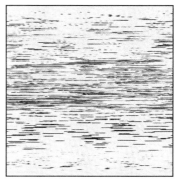

（a）原始图像　　　　　　　　　（b）Magic 映射后图像

图 2.12　Magic 映射

　　鉴于以上不足，置乱算法必须与其他加密思想结合起来才能达到理想的安全性。置乱算法通常作为加密算法中的一个基本步骤，对加密算法的优劣起着重要的作用。

2.2.2　替代

　　替代是另一种图像加密算法，它的基本思想是直接改变同一位置上的像素值，常用的替代方法有以下两种。

　　1）按照流密码算法生成流密码密钥流，与明文数值进行简单运算，如异或运算。

　　2）构建替代表，根据替代表对明文数值进行替代。S 盒就是一个典型的替代表。

2.2.3　两者结合加密

　　虽然置乱和替代两种加密思想都有自身的优点，但同时也存在各自的不足，显然单独运用这两种方法无法满足空域图像加密算法的安全性要求，因此在实际运用中，常常将这两种方法结合起来使用，先将图像置乱再进行替代或者先替代再进行置乱，然后将这个过程迭代，即重复此过程达到能满足安全性需求的轮数为止。

2.3　图像加密扩散结构

　　在图像加密算法中，扩散能使密文图像的统计特性比较均匀，并且明文中一个像素值的改变可以影响整个密文图像，从而能够抵抗如已知明文攻击等多种攻击方式。对于一个安全的空域图像加密算法，扩散作为基本结构是必不可少的。目前图像加密算法扩散结构包括分组链接（cipher block chaining，CBC）模式、Feistel 模式和自适应模式。本节主要介绍 CBC 模式和 Feistel 模式，自适应模式将在后面章节中详细阐述。

2.3.1　CBC 模式

CBC 模式结构如图 2.13 所示。

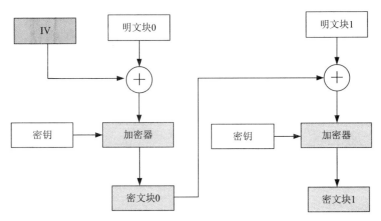

图 2.13　CBC 模式结构

在 CBC 模式加密算法中[10]，算法依次对各个像素进行加密，且满足

$$C_i = f(C_{i-1}, P_i) \tag{2.7}$$

式中，P_i 为第 i 个像素明文的像素值；C_{i-1} 和 C_i 分别为第 $i-1$ 个像素和第 i 个像素密文的像素值；f 为加密函数。

由式（2.7）可以看出，第 i 个像素的密文值不仅与该像素的明文值有关，同时也与第 $i-1$ 个像素的密文像素值有关，从而实现图像的扩散。这种模式可以很好地隐藏明文信息，但这种模式不能用于并行加密，当加密数据量较大的图像时，不能满足实时性要求。

2.3.2　Feistel 模式

Feistel 模式结构如图 2.14 所示。

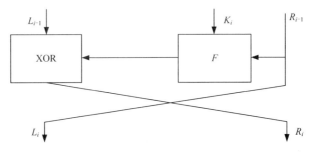

图 2.14　Feistel 模式结构

Feistel 模式结构是一种典型的迭代性结构[11]，它将明文分为两部分，即左半部分 L_i 和右半部分 R_i，对这两个部分重复置乱和替代这两个过程，进行过多轮迭代后可以充分实现图像的混淆和扩散。Feistel 结构可用式（2.8）表示，即

$$L_i = R_{i-1}, R_i = L_{i-1} \oplus F(R_{i-1}, K_i) \tag{2.8}$$

小　　结

本章介绍了密码学基础，其中包括对称和非对称两种加密体制、分组密码基础、流密码基础和密码分析；空域图像加密的基本思想，包括置乱、替代两种图像加密算法以及这两种方法的结合；图像加密的扩散结构，包括 CBC 模式和 Feistel 模式。

参 考 文 献

[1]　ANSI. X9.17. American National Standard for Financial Institution Key Management[S]. 1985.

[2]　NIST. FIPS-197. Announcing the Advanced Encryption Standard[S]. 2001.

[3]　LIAN S G, CHEN G R, CHEUNG A, et al. A chaotic-neural-network-based encryption algorithm for JPEG2000 encoded images[C]// International Symposium on Neural Networks(ISNN 2004). Dalian: Springer, 2004: 627-632.

[4]　REFREGIER P, JAVIDI B. Optical-image encryption based on input plane and Fourier plane random encoding[J]. Optics Letters, 1995, 20 (7): 767-769.

[5]　YANG H G, KIM E S. Practical image encryption scheme by real-valued data [J]. Optical Engineering, 1996, 35 (9): 2473-2478.

[6]　丁玮，齐东旭. 数字图像变换及信息隐藏与伪装技术[J]. 计算机学报，1998，21(9)：838-843.

[7]　MATLAS Y, SHAMIR. A video scrambling technique based on space filling curves[J]. Proceedings of CRYPTO, 1987, 76(5): 550-559.

[8]　BOURBAKIS N, ALEXOPOULOS C. Picture data encryption using scan patterns[J]. Pattern Recognition, 1992, 25 (6): 567-581.

[9]　KUO C J, CHEN M S. A new signal encryption technique and its attack study[C]// Proceedings of IEEE International Conference on Security Technology. Taipei: IEEE, 1991: 1149-1153.

[10]　SRIDHARAN S, DAWSON E, GOLDBURG B. Fast Fourier transform based speech encryption system[J]// IEEE Proceedings I-Communications, Speech and Vision, 1991, 138(3): 215-223.

[11]　彭军，张伟，杨治明，等. 一种基于 Feistel 网络的反馈式分组混沌密码的研究[J]. 计算机科学，2006, 33(1)：34-37.

第 3 章　云环境下的混沌图像加密概述

混沌理论是半个世纪来兴起的一种兼具质性思考与量化分析的方法，它与量子力学及相对论一起列为 20 世纪最伟大的科学发现。与中国古代天文学和希腊神话中描述的"混沌"不同，这里所说的"混沌"是指一个确定性系统产生的一种对初始条件具有敏感依赖性的恢复性周期运动。混沌来自非线性系统，同时也是非线性动力系统的重要组成部分。研究混沌理论使得人们看到普遍存在于自然界但长期视而不见的运动形式，有助于人们理解过去难以理解的许多现象。

随着混沌理论受到越来越多学者的青睐，人们逐渐意识到混沌理论的应用非常广泛，大到可以预测气象的变化、社会的行为，小到能够预测人口的移动、化学反应等。正是由于混沌理论的独特性，它成为解决其他学科问题的手段和工具。

3.1　混沌理论概述

尽管混沌理论的发现至今已经过了半个多世纪，但是由于混沌系统本身所具备的复杂性及奇异性，人们还是很难将混沌理论研究透彻，因此，到目前为止，对于混沌理论还没有一个完整统一的定义。关于混沌状态的定义，国内外专家学者分别从数学和物理两个层面对其进行了描述[1,2]。从数学层面分析，大部分国内外学者以混沌系统的非周期性和初始条件敏感性为基础对其进行定义。还有一些国内外专家学者则从混沌运动出发，根据现象来分析混沌理论的性质。虽然他们从不同的角度对混沌做了定义和分析，但是从描述的现象和结果来看却是完全一样的。

3.1.1　混沌的定义

被广大国内外专家学者普遍采纳的混沌定义主要有两种，分别是李天岩-约克（Li-Yorke）定义和德瓦尼（Devaney）定义。

1. 李天岩-约克定义

20 世纪 70 年代，美国著名学者詹姆斯·约克和他的学生李天岩在论文 *Period Three Implies Chaos* 中第一次对混沌做了一个严格的数学定义。

Li-Yorke 定理　设 $f(x)$ 在指定闭区间 $[a,b]$ 内是一个连续的单参数自映射，即 $F:[a,b] \times R \to [a,b]$，$(x,\lambda) \to F(x,\lambda)$，其中 $x \in R$。若 $f(x)$ 有三周期点，那么

对于任意的正整数 n，$f(x)$ 都存在 n 周期点。

Li-Yorke 混沌定义　若 $f(x)$ 在指定闭区间 $[a,b]$ 内是连续的自映射，要使得 $f(x)$ 发生混沌现象，则 $f(x)$ 必须满足以下两个条件。

1）$f(x)$ 周期点的周期没有上界。

2）在闭区间 $[a,b]$ 内存在不可数的子集 S，且满足：

①　对于任意的 x、$y \in S$，且 $x \neq y$，有 $\limsup_{n \to \infty} |f^n(x) - f^n(y)| > 0$，其中 $f^n(\cdot) = f(f(\cdots f(\cdot)))$ 代表 n 重函数关系。

②　对于任意的 x、$y \in S$，有 $\liminf_{n \to \infty} |f^n(x) - f^n(y)| = 0$。

③　对于任意的 $x \in S$ 和 $f(x)$ 的任意周期点 $y \in [a,b]$，$\limsup_{n \to \infty} |f^n(x) - f^n(y)| > 0$。

以上三个极限的前两个表示对于子集 $x \in S$ 中的点既非常集中又非常分散，第三个极限表示子集无法趋近于任意点。根据上面的定理和定义，对于指定闭区间内的一个连续的自映射函数 $f(x)$，若 $f(x)$ 存在周期为 3 的周期点，那么该函数就存在任何一个正整数的周期点，此时就会产生混沌现象。

2. 德瓦尼定义

20 世纪末，德瓦尼基于拓扑分析对混沌做了另一种定义。

德瓦尼混沌定义　设 H 是一有界闭区域，存在映射 $f : H \to H$，若 f 满足以下三个条件，则称该映射 f 在有界闭区域 H 上是混沌的。

1）f 的周期点集在 H 中可形成稠密的周期轨道。

2）f 具有拓扑性。对于 H 上的任意两个开集 A、$B \in H$，存在 $k > 0$，使得 $f^k(A) \cap B \neq \varnothing$。

3）f 具有初值敏感性。任意 $\delta > 0$ 时，对于任意的 $\varepsilon > 0$ 及 $h \in H$ 在 h 的 ε 邻域 M 中，存在自然数 n、$m \in M$，使得 $|f^k(h) - f^k(m)| > \delta$。

德瓦尼主要从混沌理论的基本特性出发对混沌进行科学定义。其中，周期点集在有界闭区域 H 上稠密，表示混沌系统在混乱中是存在秩序的。f 具有拓扑性（另一种解释是拓扑传递性），是指映射 f 中任意一点的邻域最终都会分布在整个有限闭区域 H 中，即映射 f 不能继续分解成多个独立的子系统。初值敏感性即不可预测性，是指无论 h 和 m 怎样逼近，它们之间的距离都会很大。

3.1.2　混沌的基本特征

在非线性理论中，"混沌"的概念与这个词所要表达的意思似乎并不完全一样，非线性动力学中的混沌现象是指一种确定的但不可预测的运动状态。它的外在表现形式虽然和随机运动类似，即都不可预测，但是不同于随机运动的是，混沌运动是一种具有不稳定性的有限定常运动。这种有限定常运动从动力学上分析，是一种在有限域内无规则的、不重复的运动，其不稳定性决定了运动的不可预测性。这也表明了混沌运动的两个显著特性，即有限性和不稳定性。研究混沌理论不仅对动力学、控制理论等其他学科的理解具有促进作用，同时也对人们研究信息安全、生物理论、经济学等学科具有巨大的启示作用。

混沌系统具有独有的特征，下面从几个方面对其进行说明[3]。

1. 初值敏感性

混沌系统对初始值非常敏感，即对于同一个混沌系统，一旦初始值及初始参数发生细微的变化，那么经过混沌系统迭代出来的混沌序列就会完全不一样，生成的运动轨迹也会截然不同。正如气象学家洛伦兹（Lorentz）提出的"蝴蝶效应"，即亚马逊林里的一只蝴蝶轻轻震动几下翅膀，也许两周后就会引起美国得克萨斯州的一起龙卷风。这种效应很好地解释了混沌系统对初始值和初始参数的敏感性现象；同时，这也说明了要想长期预测通过混沌系统产生的混沌状态是不可能的。

2. 随机性

一个确定性系统，当输入的参数呈随机性时，输出的结果也会呈随机性。但是对于动力学中这种复杂的、特殊的混沌系统而言，即便输入的内容呈随机性变化，输出端也可能产生类似随机噪声的结果。与传统的随机性不同的是，混沌系统表现出来的随机性不会随着外界条件的变化而变化，只由系统自身的特性唯一决定，这种随机性特征称为内随机性。并且，混沌系统整体表现出来的是稳定性系统，但是从局部来看却是不稳定的，这种局部不稳定是内随机性系统的特点，也是系统对初始值敏感性的原因。

3. 分维性

混沌系统具有分维特性，其可以描述混沌运动在相空间中表现出来的轨迹形态。混沌运动在相空间中经过无限次循环、延伸、折叠，最终形成一种特殊的轨迹。在这种特殊的运动中，混沌吸引子出现无限多个褶皱，褶皱中不断衍生出新的褶皱，并且不断重复，最终表现为无限层次的混沌吸引子的自相似结构。这种混沌运动表现出来的特性称为分维性。

4. 普适性

当系统趋于混沌状态时，系统所呈现出来的特征具有普适性，这种特征不会因系统不同或者系统运动方程初始值的变化而变化。混沌系统的这种特性是系统内部规律的体现，通常由费根鲍姆（Feigenbaum）常数决定。费根鲍姆常数是一个重要的普适常数，一般取 $\sigma = 4.66920160910299\cdots$。

5. 遍历性

混沌运动轨迹在系统的有限域内遍历混沌吸引子的每一个状态点。换句话说，混沌运动本身具备各态遍历性。

6. 标度性

混沌运动是一种无周期性的、随机性的运动，但是当系统的分辨率或者数值计算精度达到一定程度时，混沌运动就可以在小范围内实现混沌的有序变化。这种无序状态中表现出来的有序状态称为标度性。

7. 非线性

混沌理论作为非线性理论的重要分支，因此，非线性是混沌系统的固有特征。非线性是产生混沌现象的必要条件之一，即系统一旦发生混沌现象，那么这个系统必然具备非线性性质，但是一个系统具备了非线性不一定会发生混沌现象。

8. 李雅普诺夫指数的统计特性

混沌运动对初始值及初始参数非常敏感，李雅普诺夫（Lyapunov）指数可以用来描述两个极为接近的参数所产生的混沌轨迹随时间变化按指数分离的程度。当李雅普诺夫指数大于零时，混沌运动轨迹中的相邻轨迹会按照指数分离。但是，混沌现象又是在有限域内产生的，因此，相邻的轨迹之间不可能无限分离，只是处于不相交的条件下在其有限域内反复折叠。正的李雅普诺夫指数可以用来衡量混沌运动中相邻信息的损失程度，正的李雅普诺夫指数值越大，混沌现象越明显，相邻信息损失越严重。

3.1.3　常见的混沌系统

常见的混沌系统有很多种。从性质的角度考虑，混沌系统分为连续混沌系统和离散混沌系统；从维度上分析，混沌系统分为一维混沌系统、二维混沌系统、三维混沌系统和空间混沌系统[4-6]。下面介绍几种常见的混沌系统。

1. Logistic 映射

Logistic 映射也叫虫口模型，它是一维混沌系统中最常见的一种映射，由于其结构简单，因此被广泛应用。Logistic 映射差分方程为

$$x_{n+1} = \lambda x_n (1 - x_n) \tag{3.1}$$

其中，$x_n \in [0,1]$，当参数 λ 的取值范围在半开区间(3.5699456,4]时，系统达到混沌状态。对于自变量 x_n 的初始值，混沌系统状态会在闭区间[0,1]内呈稳定变化。

图 3.1 所示为 Logistic 映射分岔图。从图中可以看出，当参数 λ 在[3.56,4]区间变化时，系统的稳定状态开始分岔产生倍周期。

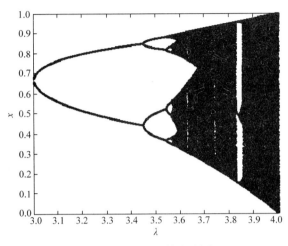

图 3.1　Logistic 映射分岔图

2. Lorenz 系统

Lorenz 系统是一个三维混沌系统，其定义为

$$\begin{cases} \dfrac{\mathrm{d}x}{\mathrm{d}t} = a(y-x) \\[2mm] \dfrac{\mathrm{d}y}{\mathrm{d}t} = cx - zx - y \\[2mm] \dfrac{\mathrm{d}z}{\mathrm{d}t} = xy - bz \end{cases} \tag{3.2}$$

式中，a、b、c 均为常数。当 $a=10$、$b=8/3$、$c=28$ 时，系统会处于混沌状态。

图 3.2 所示为 Lorenz 系统的相空间图。

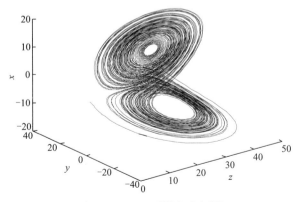

图 3.2　Lorenz 系统相空间图

　　图 3.3 所示为 Lorenz 系统相空间轨迹分别在二维空间 $x-y$、$x-z$、$y-z$ 上的投影。

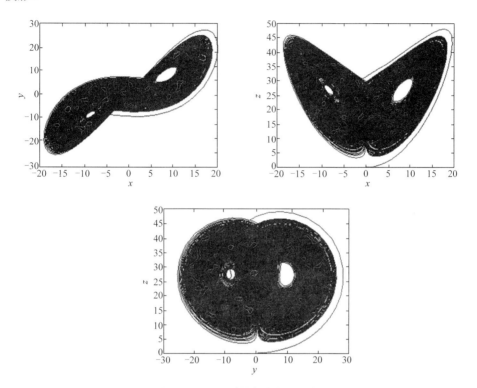

图 3.3　Lorenz 系统相空间图的投影

3. Chen 系统

Chen 系统的定义为

$$\begin{cases} \dfrac{\mathrm{d}x}{\mathrm{d}t} = a(y-x) \\[2mm] \dfrac{\mathrm{d}y}{\mathrm{d}t} = (c-a)x - zx - cy \\[2mm] \dfrac{\mathrm{d}z}{\mathrm{d}t} = xy - bz \end{cases} \tag{3.3}$$

式中，a、b、c 均为常数。当 $a=35$、$b=3$、$c \in [20, 28.4]$ 时，系统处于混沌状态。

　　Chen 系统相空间的仿真轨迹如图 3.4 所示。

3.1.4　混沌理论的应用

　　由于混沌具有得天独厚的特性，它可以和很多其他学科，如物理学、生物学、动力学、计算机技术等相互融合，并促进各个领域学科的快速发展。因此，混沌理论已然成为国内外学者研究的热点。下面就从几个方面的应用进行说明。

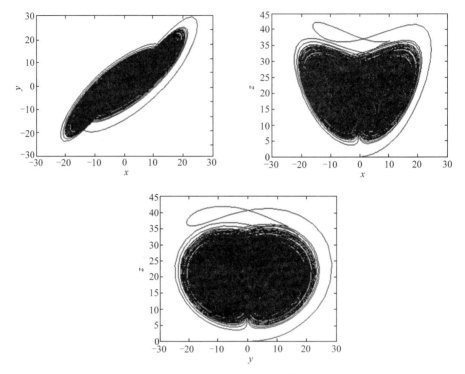

图 3.4　Chen 系统相空间仿真轨迹

1. 混沌理论在教育领域的应用

混沌理论对教育研究、课程教学、学生心理测试等很多方面都具有应用背景。由于人这个个体的思维和运动都是随机变动、起伏不定的，而个体教育本身则是按照一定的准则，并历经长久的互动与摸索而形成的，因此，这与混沌理论的原理默契相关。教育系统容易产生人无法预知的结果，但是教育的研究与成效经过长期的数据积累，就可以从中分析和总结出教育经验，以增加教育效果的可预测性[7]。

2. 混沌理论在经济学领域的应用

自 20 世纪混沌理论被提出，近 20 年的时间，经济学领域的专家学者们尝试将混沌理论应用于经济学领域中。1985 年，混沌理论首次出现在宏观经济学中，利用混沌理论分析经济增长的走势。随后，人们通过混沌理论研究股票指数以及分析汇率的变化等[8]。可见，混沌理论在经济学领域的应用，对于经济的发展以及市场的调控起到了重要的作用。

3. 混沌理论在生物学领域的应用

在生物学领域，医生可以利用混沌理论进行病情的诊断以及疾病的预防和控制等。近几年，混沌理论也被应用在人体神经系统分析以及人体血液循环分析中[9]。

3.2　混沌数字图像加密技术概述

一个数字图像加密系统主要包括三个模块，即加密模块、解密模块和密钥流发生器[10]。数字图像作为明文信息输入，加密模块通过密钥流发生器产生的加密密钥对明文信息进行数值处理，输出密文信息，然后通过解密模块，利用解密密钥对密文进行解密。数字图像的加密系统结构如图 3.5 所示。

图 3.5　数字图像加密系统结构

1. 设计数字图像加密系统的要求

（1）大的密钥空间

密钥空间是衡量一个加密系统加密密钥长度的指标。密钥空间太小，表示密钥的长度很短，密文就很容易被破解。因此，密钥空间的大小直接决定了该加密系统安全性的高低。在设计一个图像加密系统时，应该选择合适的初始参数来确保该系统的密钥空间足够大[11]。

（2）适当的计算复杂度

计算复杂度是加密算法中一个重要的指标，用来衡量加密算法加密、解密图像的复杂程度。基本上每个图像加密算法都会考虑计算复杂度这个指标，这是由于随着通信技术的迅猛发展，需要加密的图像数据越来越复杂，如果设计加密系统时不考虑加密算法的计算复杂度，那么加密图像数据就会付出巨大的代价，解密数据也不能按时交付[12]。

（3）抗攻击能力强

抗攻击性是评价一个加密系统安全性的指标。在实际生活中，不存在绝对安全的加密系统，可以认为，截获并破解加密算法所需的开销大于加密数据的开销时，该加密系统可以抵抗外界的各种攻击，即系统是安全可靠的。目前，威胁图像加密系统安全性的攻击方法一般有选择明文攻击、差分攻击、统计攻击等。因此，设计一个加密系统时应该对其做各种抗攻击能力测试，以保证加密系统的安全性[13]。

2. 混沌加密系统的安全性

一个混沌图像加密系统，在对其进行安全性分析时，通常需要考虑以下三点。

1）由于混沌系统自身的初始条件敏感性，使得图像像素矩阵经过置乱后相邻像素相关性极小。同时，系统的遍历性决定了置乱后的密文随机性很高。

2）混沌映射产生的加密密钥受初始条件的影响具备高敏感性，从而又扩散到整个系统，保证了系统的安全性。

3）混沌映射通常需要迭代多次才能获得比较高的安全性，但是，这也导致加密算法的计算复杂度相应提高。所以，设计加密算法时应适当选择输入参数来确保算法的合理性。

下面介绍几种常见的安全性分析方法。

（1）密钥空间测试

一个好的混沌加密系统具有较大的密钥空间，这就可以有效抵抗外界的穷举攻击。密钥空间的测试概括如下：假设加密算法置乱过程的密钥为 K_1，扩散过程的密钥为 K_2，迭代次数为 n，则系统的密钥空间为 $(K_1 K_2)^n$。

（2）密钥敏感性测试

对加密系统进行敏感性分析，当密钥发生细微变化时，密文就会发生巨大的变化。此时运行解密算法，若无法正确解密出图像，则可认为此图像加密算法具有较好的密钥敏感性。合理设置初始条件及控制参数，可以确保混沌系统具有较好的密钥敏感性，并且可以抵抗选择明文攻击。

（3）直方图分析测试

直方图是反映一幅图像在同一灰度级像素的分布情况。一个好的加密系统，其加密图像的直方图应该呈统一分布，以抵抗外界的数学统计攻击。例如，如图 3.6 所示，原始图像的直方图分布呈不规则变化，而加密图像的直方图基本呈均匀变化。

（4）像素相关性测试

对于一幅普通图像来说，其相邻像素，包括水平、垂直、对角线方向，理论上是高度相关的。加密图像相邻像素的相关性是衡量一个加密系统的重要指标，相邻像素相关性越低，其加密效果越好。例如，如图 3.7 所示，原始图像中相邻像素间具备很高的相关性，而密文的相邻像素在垂直和水平两个方向上的相关性明显减小很多。

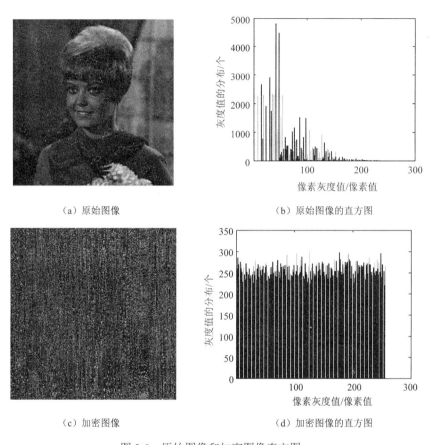

（a）原始图像　　　　　　　　　　　　　（b）原始图像的直方图

（c）加密图像　　　　　　　　　　　　　（d）加密图像的直方图

图 3.6　原始图像和加密图像直方图

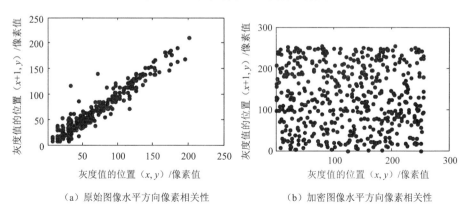

（a）原始图像水平方向像素相关性　　　　　　（b）加密图像水平方向像素相关性

图 3.7　原始图像和加密图像相邻像素相关性

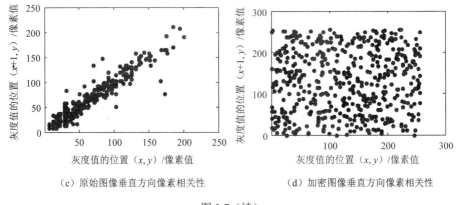

（c）原始图像垂直方向像素相关性　　　　　　（d）加密图像垂直方向像素相关性

图 3.7（续）

（5）差分攻击分析测试

差分攻击是通过改变明文信息，观察密文如何变化的一种手段。差分攻击分析可以快速找到原始图像和加密图像的关系，从而判断该加密算法抗差分攻击能力。实际应用中，当原始图像的像素发生细微变化时，加密图像应该可以将这个细微的变化扩散到密文的每一个像素。一般使用像素改变率和统一平均变化强度这两个变量衡量系统的抗差分攻击能力。

3.3　云存储技术

云计算 20 世纪 90 年代首次被提出，至今已经成为一个家喻户晓的词。"云"其实就是互联网的一个比喻，而"云计算"事实上指的是各类用户使用互联网连接存储设备或是使用云服务器端的应用、数据或服务。云计算之所以能够广泛应用于各行各业，是因为云计算具有超大规模、可扩展性高、通用性强、可靠性高、可按需使用和易于管理等得天独厚的优点。

3.3.1　云计算模型

云计算面向用户有三种服务模式，即 IaaS、PaaS 和 SaaS，这三种服务模式相互独立、互不影响。图 3.8 所示为云计算服务模型，该服务模型分为三个层次[14]。

云计算的三种服务模式给用户带来了前所未有的便捷体验，也受到了各界使用者的一致好评。各大公司也开始陆续在各个服务模式上开发自己的应用和提供各项服务。表 3.1 列出了几个常见的云平台采用的服务模式。

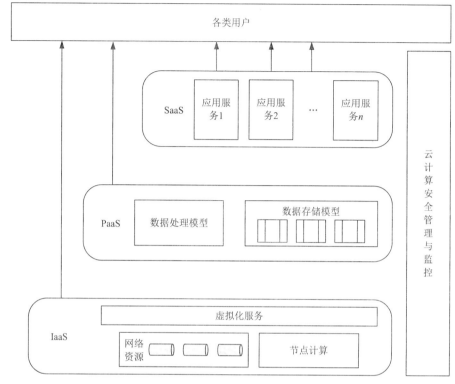

图 3.8　云计算服务模型

表 3.1　主要云平台采用的服务模式

服务模式	云平台
IaaS	Amazon EC2、Eucalyptus
PaaS	Google App Engine、Microsoft Azure
SaaS	Google Apps、Salesforce CRM

3.3.2　云存储系统

云存储作为云计算的一个重要分支，位于云计算服务模型中的基础设施即服务这一层，它可以为用户提供强大的在线存储服务。在当今这个信息化的时代，互联网上海量的数据信息云集，用户需要对一些数据进行备份、远程共享等。但是，当需要管理的数据达到一定规模后，要求本地用户升级硬件设备或者购买额外的存储设备，这对个体用户来说是个不小的开销。云存储系统可以很好地解决这个问题，该系统可以为用户提供超大数据集中式存储和管理的功能。图 3.9 所示为云存储系统结构，云存储系统主要由四个应用层组成。

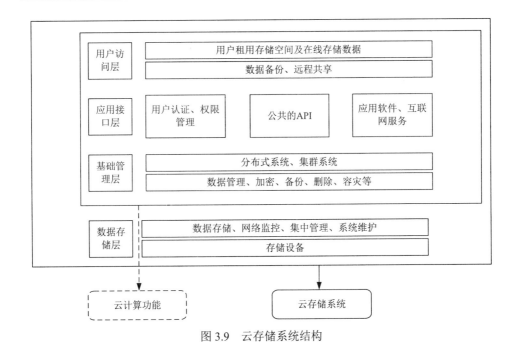

图 3.9　云存储系统结构

1. 数据存储层

数据存储层位于云存储系统的最底层，主要负责存储设备之间的连接和数据的存储、管理及维护工作。

2. 基础管理层

通过集群技术、分布式技术等确保云存储系统的稳定运行，为用户提供便捷、高质量的服务。

3. 应用接口层

为用户提供各种应用接口，用户通过接口可实现数据的权限管理及其他各项应用服务，云服务提供商还可以根据用户需求开发自己的应用接口。

4. 用户访问层

用户经过云服务提供商授权后，可以自由管理自己的云空间，并享受数据存储及远程共享等多项服务。

3.3.3　云存储安全性相关技术

众所周知，只要涉及通信技术和计算机技术，都会考虑到数据的安全问题。

数据在云存储过程中也存在安全问题。为了保证用户存储在云端的数据安全，这些数据是要经过加密的，那么如何知道云端存储的数据是不是保持完整性并且怎么获取云端的数据，这是用户最关心的问题。下面简单介绍完整性验证技术和密文访问控制技术。

1. 完整性验证技术

用户将数据外包给云服务器，如果外包的数据不能保持完整性，是完全没有意义的。因此，用户将数据存储在云端后，需要对其进行完整性验证。云存储系统对于数据的完整性验证，也叫对于证明的验证，即在外包数据的过程中，云存储返回部分数据信息，然后以某种证明协议或可信度较高的概率验证数据的完整性[15]。

传统的云存储系统中数据完整性验证包括校验者和云服务器，校验者可以是数据用户，也可以是第三方。完整性校验的工作原理如下：首先校验者向云端发起一个挑战信息；然后云服务器根据接收到的挑战信息对应生成一个认证信息返还给校验者；最后校验者对该认证信息做出判断，从而验证数据是否完整。如图 3.10 所示，图像数据在云端存储的完整性校验一般包括三个步骤。

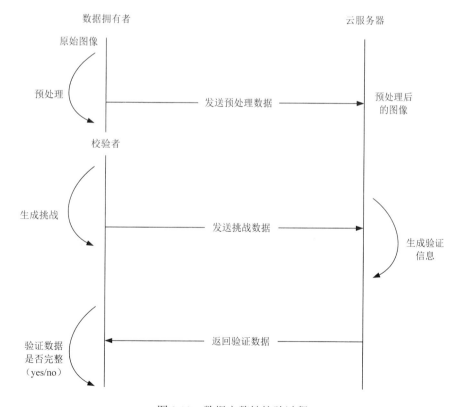

图 3.10　数据完整性校验过程

1）建立连接（setup）。数据用户对图像数据进行预处理，如分块、生成标签等，然后将预处理后的图像数据发送给云服务器。

2）发起挑战（challenge）。校验者生成一个挑战信息发送到云服务器。

3）校验证明（check proof）。云服务器接收到挑战数据后，利用设计好的验证协议生成相应的验证信息返还给校验者，校验者做出判断。

2. 密文访问控制技术

由于用户是将本地数据加密后存储在云服务器的，其他用户在不知道密钥的情况下就不能获取原始数据。传统的访问控制技术一般都是直接获取对方的明文数据即可，密文访问控制技术则是通过提前获取加密数据的密钥信息来解密用户原始数据从而访问数据的。利用密文访问控制技术，即使在云存储环境不可信的情况下，也能确保外包数据的隐私性和机密性，从而规避了外包数据泄密的危险。

小　　结

本章首先从数学和物理两个方面介绍了混沌的定义，虽然出发点不同，但得到的结论都是一样的。然后详细地介绍了混沌的基本特征，并对几种常见的混沌系统进行了简要的说明。在此基础上又详细地介绍了图像加密如何进行安全性分析。最后将图像加密融入云环境中进行分析，介绍了云存储系统模型和云存储安全性的相关技术。总之，本章所述的理论知识与技术分析为后面的章节奠定了理论基础。

参 考 文 献

[1] 张琪昌. 分岔与混沌理论及应用[M]. 天津：天津大学出版社，2005.

[2] 王兴元. 复杂非线性系统中的混沌[M]. 北京：电子工业出版社，2003.

[3] 王雅庆. 基于混沌的数字图像加密算法研究[D]. 重庆：重庆大学，2013.

[4] HUA Z Y, ZHOU Y C, PUN C M, et al. 2D sine logistic modulation map for image encryption[J]. Information Sciences, 2015, 297: 80-94.

[5] ZHANG J. An image encryption scheme based on cat map and hyper-chaotic Lorenz system[C]// IEEE International Conference on Computational Intelligence and Communication Technology. Ghaziabad: IEEE Press, 2015: 78-82.

[6] SHAO Y H, ZHONG Q L, ZHENGY A. New image encryption method based on fractional order Chen system[J]. Science Technology and Engineering, 2014, 2: 159-164.

[7] 温强，杨军，刘闽生. 混沌理论在教学设计中的应用[J]. 教育科学论坛，2007(2B)：3-5.

[8] 邹周. 混沌理论在经济学中的应用[J]. 科技和产业，2009, 9(8)：90-92.

[9] 唐谦. 混沌理论在生物模型中的若干应用研究[D]. 辽宁：大连理工大学，2013.

[10] KANSO A, GHEBLEH M. A novel image encryption algorithm based on a 3D chaotic map[J]. Communications in Nonlinear Science and Numerical Simulation, 2012, 17(7): 2943-2959.

[11] LI Z H, CUI Y D, JINY H, et al. Parameter selection in public key space of cryptosystem based on Chebyshev polynomials over finite field[J]. Journal of Communications, 2011, 6(2): 1-4.

[12] DENG C X, FU Z X, LI S. The image space of one type of continuous wavelet transform and its property[J]. International Journal of Wavelets Multiresolution and Information Processing, 2012, 10(3): 1250022-1-1250022-20.

[13] LEE Y S, LEE Y J, HAN D G, et al. Performance improvement of power analysis attacks on AES with encryption-related signals[J]. IEICE Transactions on Fundamentals of Electronics Communications and Computer Sciences, 2012, 95(6): 1091-1094.

[14] 黄晓雯. 云计算体系架构与关键技术[J]. 中国新通信，2014(13)：29-29.

[15] 冯朝胜，秦志光，袁丁. 云数据安全存储技术[J]. 计算机学报，2015，38(1)：150-163.

第4章 自适应图像加密算法

根据前文分析可知，纯位置移动算法用于置乱容易受到已知明文攻击，而自适应加密算法利用图像本身的信息进行加密，因此可以抵抗已知明文攻击。本章将自适应加密算法引入彩色图像的加密中，利用彩色图像三个分量（R、G、B）相互置乱，实验结果表明：此方法具有良好的置乱效果。

4.1 自适应加密模式

图像置乱算法只改变图像像素的位置，单独使用该算法容易受到已知明文攻击[1]，Chen[2]等针对这一弱点，对算法提出了改进，于是提出了自适应灰度图像加密算法，使得加密后图像的像素值与明文像素值紧密相关，从而能够抵抗已知明文攻击。自适应加密模式思想如下。

1. 遍历性

一幅灰度图像可以看成一个二维矩阵，遍历性就是按照一定的顺序去访问这个二维矩阵的每一个像素。更多关于遍历概念、遍历性质的内容详见文献[3]和文献[4]。目前，常用的遍历性矩阵模式如图 4.1 所示。

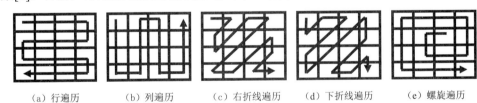

（a）行遍历　　　（b）列遍历　　　（c）右折线遍历　　　（d）下折线遍历　　　（e）螺旋遍历

图 4.1　常用遍历性矩阵模式

定义主遍历矩阵如图 4.2 所示。

$$\begin{Bmatrix} 1 & 2 & 3 & \cdots & n \\ n+1 & n+2 & n+3 & \cdots & 2n \\ \vdots & \vdots & \vdots & \vdots & \vdots \\ (m-1)n+1 & (m-1)n+2 & (m-1)n+3 & \cdots & mn \end{Bmatrix}_{m \times n}$$

图 4.2　主遍历矩阵

图 4.1 所示各个遍历矩阵如图 4.3 所示。

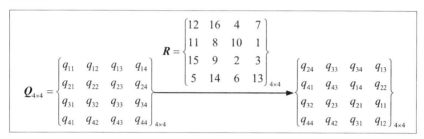

（a）行遍历　（b）列遍历　（c）右折线遍历　（d）下折线遍历　（e）螺旋遍历

图 4.3　按照不同遍历模式形成的矩阵

2. 遍历矩阵及置乱

可以利用一种遍历模式的顺序去遍历一个矩阵，从而达到置乱的效果，如图 4.4 所示。

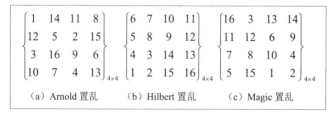

图 4.4　使用遍历矩阵重新排列矩阵

几种常用于置乱的遍历矩阵如图 4.5 所示。

$$\left\{\begin{matrix}1 & 14 & 11 & 8 \\ 12 & 5 & 2 & 15 \\ 3 & 16 & 9 & 6 \\ 10 & 7 & 4 & 13\end{matrix}\right\}_{4\times4} \quad \left\{\begin{matrix}6 & 7 & 10 & 11 \\ 5 & 8 & 9 & 12 \\ 4 & 3 & 14 & 13 \\ 1 & 2 & 15 & 16\end{matrix}\right\}_{4\times4} \quad \left\{\begin{matrix}16 & 3 & 13 & 14 \\ 11 & 12 & 6 & 9 \\ 7 & 8 & 10 & 4 \\ 5 & 15 & 1 & 2\end{matrix}\right\}_{4\times4}$$

（a）Arnold 置乱　（b）Hilbert 置乱　（c）Magic 置乱

图 4.5　常用遍历矩阵

3. 普通数值矩阵的标准化

对于一个数值矩阵 $Q_{(m\times n)}$，按照主遍历模式，从 $Q_{(m\times n)}$ 中选出一个最小值并在另一个矩阵 $R_{(m\times n)}$ 的相应位置上填写序号，显然 $R_{(m\times n)}$ 就是一个遍历矩阵，如图 4.6 所示。

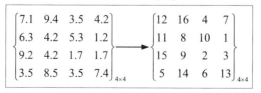

图 4.6　数值矩阵标准化

4. 置乱算法

通过用户密钥和随机数生成器产生一个数值序列,根据这个序列生成对应的矩阵 $P_{(m \times n)}$。对于任何一个矩阵,可以将它转变成一个遍历矩阵,通过标准化得到一个遍历矩阵 $R_{(m \times n)}$,利用这个遍历矩阵去置乱图像矩阵 $Q_{(m \times n)}$,生成加密后的矩阵,如图 4.7 所示。

图 4.7　利用随机数置乱

5. 辅助图像置乱

首先,可以选择一个与原始图像大小相同的辅助图像 $A_{(m \times n)}$,如果辅助图像与待加密的矩阵大小不同,可以通过剪裁、填补等方法来解决这个问题。通过辅助图像进行置乱是一种快速、有效的加密方法,辅助图像里面通常包含大量的数据,利用这个数据生成遍历矩阵 $R_{(m \times n)}$ 置乱图像 $Q_{(m \times n)}$ 得到加密后的图像,如图 4.8 所示。

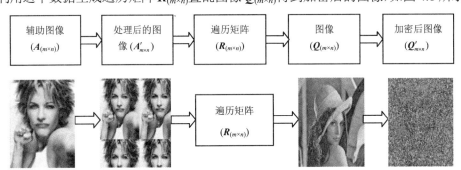

图 4.8　利用辅助图像置乱

6. 加密规则

自适应加密可按如下步骤进行。

步骤 1　生成加密序列。

根据用户密钥生成一个二进制序列,如 01010111,其中 0、1 分别代表两种遍历方式 R_0、R_1。

步骤 2　预处理。

先对图像进行预处理,按照 Hilbert 遍历对原始图像 Q 进行置乱。

步骤 3　图像分割。

按照二进制流的顺序,分别按照 R_0、R_1 遍历方式置乱矩阵 Q,即

$$\begin{cases} S(i)=0\text{时，使用}R_0\text{遍历方式} \\ S(i)=1\text{时，使用}R_1\text{遍历方式} \\ S\text{结束时，程序结束返回} \end{cases} \tag{4.1}$$

步骤 4　交互加密。

将 Q 分成两部分，分别为 Q_h 和 Q_r。将 Q_r 标准化生成遍历矩阵 R_{Q_r}，并利用 R_{Q_r} 置乱 Q_h 生成 $Q_{h'}$；将 Q_h 标准化生成遍历矩阵 $R_{Q_{r'}}$，并利用 $R_{Q_{r'}}$ 置乱 Q_r 生成 $Q_{r'}$；将 $Q_{h'}$ 和 $Q_{r'}$ 合并生成新的加密图像，如图 4.9 所示。

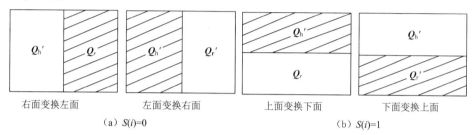

右面变换左面　　　　左面变换右面　　　　上面变换下面　　　　下面变换上面

（a）$S(i)=0$　　　　　　　　　　　　　　（b）$S(i)=1$

图 4.9　交互加密

步骤 5　循环。

如果二进制流还没有结束，则重复步骤 3；否则程序结束。

自适应图像加密算法示意如图 4.10 所示（灰度图像）。

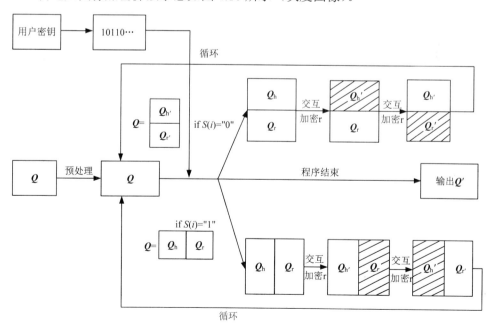

图 4.10　自适应图像加密算法示意图

7. 加密速度及安全性

从加密速度来看，自适应加密算法操作简单、加密速度非常快，与其他加密算法相比（如 DES）要快得多。从安全性来看，该算法能够根据图像自身的像素进行自适应加密，能够抵抗已知明文攻击。

8. 数据有效性

在辅助图像加密中，如果辅助图像发生哪怕只有一个像素的差异，恢复出的图像与原文图像便会存在巨大的差异，这也许是遍历矩阵的混沌特性。在实际运用中，如果加密图像在传输过程中出现一些像素的丢失，那么就不可能恢复出原图像。因为加密图像的位置信息被改变了，经过迭代，这种改变会成倍放大，显然原图像就不可能被恢复出来了。

9. 仿真实验

以图 4.11（a）所示的 lena（128×128 像素）图像为例，分别使用纯位置移动算法和自适应加密算法加密图像。使用纯位置移动算法加密图像，效果如图 4.11（b）～（d）所示。

（a）lena（原始图像）　　　（b）Arnold 置乱　　　（c）Hilbert 置乱　　　（d）Magic-Square 置乱

图 4.11　一些常用的位置置乱算法（迭代一次）

对 lena 图像进行上下分割后交互加密，效果如图 4.12 所示。

（a）分割方式　　　　　（b）交互加密 1　　　　　（c）交互加密 2

图 4.12　图像分割与交互加密

使用自适应加密算法加密 lena 图像，效果如图 4.13 所示。

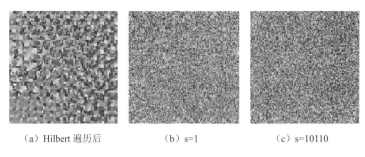

（a）Hilbert 遍历后　　　　　（b）s=1　　　　　（c）s=10110

图 4.13　自适应加密算法

10. 数据有效性验证

若加密后的图像信息丢失，即使使用相同的密钥也无法恢复出原始图像，如图 4.14 所示。

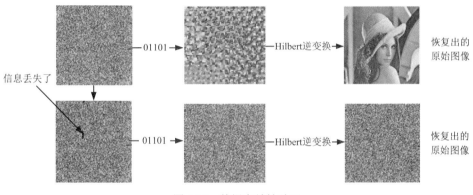

图 4.14　数据有效性验证

4.2　基于自适应的彩色图像加密算法

4.2.1　算法概述

彩色图像是对客观世界更为真实的描述，和灰度图像相比，包含更多的信息，两者之间最大的区别是关于每个像素的描述，灰度图像只有一个灰度空间，彩色图像有三个颜色空间。彩色图像分为三个颜色分量：即 R（红色）、G（绿色）、B（蓝色），如图 4.15 所示。

从图 4.15 可以看出，每个颜色分量都可以再现图像的轮廓，根据木桶原理，彩色图像的安全性由安全性最弱的那个分量决定，因此简单地对每个分量单独加密，安全性和加密的效率就是一个需要权衡的问题，一个较好的解决方法是利用彩色图像自身的三个分量实现自适应加密。根据自适应算法加密灰度图像的思想，可以将彩色图像看成三个部分，这样灰度图像的加密思想同样也可以移植到彩色图像中去，三个分量交替进行置乱。

（a）原图　　　　　　（b）R 分量　　　　　　（c）G 分量　　　　　　（d）B 分量

图 4.15　彩色图像及其 R、G、B 三分量

彩图 4.15

4.2.2　加密过程

首先将这三个分量按照一定的顺序进行重复排序（这个顺序可以预先确定或者由三位的密钥确定）。根据排列好的顺序，将彩色图像每个分量的像素值按照从小到大的顺序生成位置矩阵，分别用于相邻分量像素的置乱。具体过程如下：G 分量置乱 R 分量得到 R^1，同理 B 分量置乱 G 分量、R^1 分量置乱 B 分量，如图 4.16 所示。

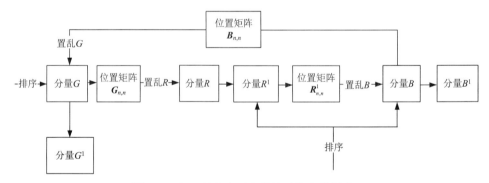

图 4.16　每一轮中自适应算法对像素的置乱

以图 4.17 所示的 lena 和 baboon（256×256 像素）两个经典彩色图像为例进行仿真实验，使用该方法加密图像后，密文图像并不能达到完全混淆的效果，带有原文图像的一些特征，如果原文图像红色像素较多，在密文图像中这个特征依然存在，图 4.17 给出了其原文图像和密文图像。

解密过程是可逆的，它是加密过程的逆过程。具体来讲，加密时以 RGB 为序置乱，解密时则以 BGR 为序还原像素。

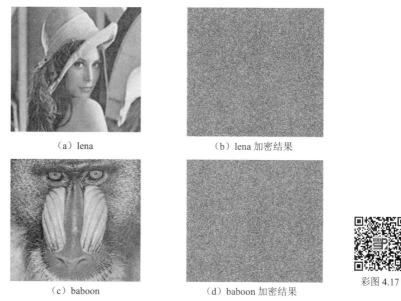

（a）lena　　　　　　　　　　　　（b）lena 加密结果

彩图 4.17

（c）baboon　　　　　　　　　　　（d）baboon 加密结果

图 4.17　原文图像和密文图像

　　将自适应加密算法应用到彩色图像实现加密，其操作简单，能够有效防止已知明文攻击，但加密前后图像的直方图不变，不能抵抗选择明文攻击，因此算法的安全性有待提高，可以通过 4.4 节中提出的并行加密算法来提高安全性。以 lena（256×256 像素）彩色图像为例，使用该算法加密前后 R、G、B 三个分量的直方图不变，如图 4.18 所示。

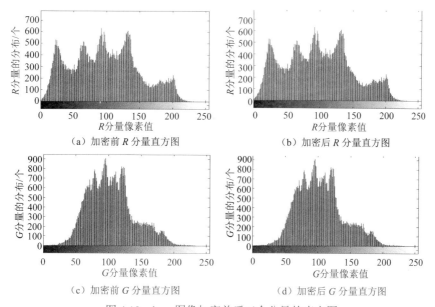

（a）加密前 R 分量直方图　　　　　（b）加密后 R 分量直方图

（c）加密前 G 分量直方图　　　　　（d）加密后 G 分量直方图

图 4.18　lena 图像加密前后三个分量的直方图

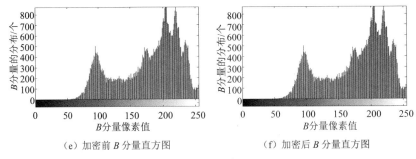

（e）加密前 B 分量直方图　　　　　　　（f）加密后 B 分量直方图

图 4.18（续）

　　在 2.3 节中提到的 CBC 模式和 Feistel 模式中，当前像素的加密需要以往像素的信息，这样就可以实现图像的扩散[5-13]，当加密数据量较大的数字图像时，这种串行加密的方式难以满足实时性的需求，而并行模式可以弥补这一不足，因此这种模式的研究具有很大的应用价值。

4.3　图像并行加密的模式及框架

　　并行加密模型指的是不止一个 PE（processing elements，处理元素）同时去加密一幅图像，其中，每个 PE 都存在独立的内存和计算资源，PE 之间通过数字通信实现数据交换，如图 4.19 所示。

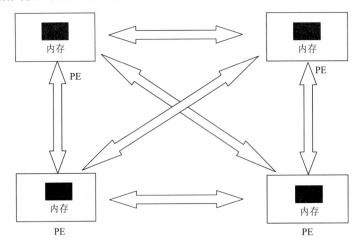

图 4.19　四个 PE 并行加密模型

并行加密算法应该满足以下三个基本要求。

1. 良好的扩散效应

扩散指的是明文或者密钥一个像素的改变会引起密文很大的改变，也称为雪崩效应。如果加密算法没有实现扩散效应,则容易受到已知明文攻击等多种攻击。对于这个问题,在现有的混沌加密系统中,通过引入 CBC 模式来实现图像的扩散。为了实现并行加密,就应当放弃 CBC 这种串行加密模式,采用并行加密模式,同时实现图像扩散的基本安全性要求。

2. 计算负载平衡

为了实现图像扩散,各个 PE 之间必须进行数据交换,数据交换通过 PE 之间的通信来实现。根据木桶原理,通信开始的时间取决于加密时间最长的那个 PE。对于一个好的并行加密算法来说,应该让每个 PE 的计算量尽量均衡。

3. 临界区管理

在并行计算中,可能会出现不同 PE 对相同的数据进行读写的情况,这些数据称为临界区,一个好的并行加密算法应该有效实现临界区管理,保证不同 PE 对相同数据进行读写时能够有序操作。

为了实现上述目标,周庆等[14]提出了一个并行加密框架,具体步骤如下。

步骤 1 将图像分成若干个大小相同(具有相同的长和宽)的块,每个 PE 负责处理相同数目的图像块。

步骤 2 每个 PE 分别对各自需要负责的那些图像块进行加密。

步骤 3 PE 之间通过通信的方式实现各个图像块的置乱。

步骤 4 返回步骤 2,重复步骤 2~步骤 4 直到所要求的轮数为止。

在以上步骤中,如果步骤 2 中的加密算法能够实现良好的块内扩散效果,那么剩下的步骤中最重要的就是如何选择置乱的方式,因为步骤 2 只能实现块内扩散,要想实现良好的全局扩散,要依靠步骤 3 的置乱方法。

4.4 基于混沌映射的并行图像加密算法

置乱方法的选择对一个好的并行加密算法至关重要,Kolmogorov 映射就能够很好地满足并行加密框架的三个基本要求。

Kolmogorov 映射是一个二维混沌映射 $T_\pi : [0,1) \times [0,1) \to [0,1) \times [0,1)$,即

$$T_\pi(x,y) = \left(\frac{1}{p_s}(x - F_s), y p_s + F_s \right) \tag{4.2}$$

其中,$\pi = (p_1, p_2, \cdots, p_n)$,$0 < p_i < 1$,$\sum_i p_i = 1$;

$$F_s = \begin{cases} 0 & s = 1 \\ p_1 + p_2 + \cdots + p_{s-1} & s = 2, 3, \cdots, n-1 \end{cases}$$

当 $\pi = (0.25, 0.5, 0.25)$ 时，Kolmogorov 映射如图 4.20 所示。

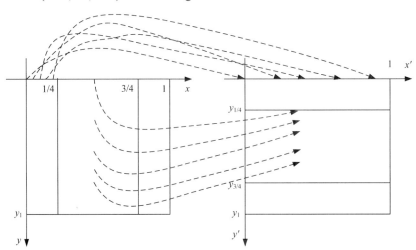

图 4.20　Kolmogorov 映射举例（ $\pi=(0.25,0.5,0.25)$ ）

Scharinger 对式（4.2）进行了修正，提出了离散化的 Kolmogorov 映射，这样就可以在计算机上用于图像加密[15]。离散 Kolmogorov 映射可用式（4.3）表示，即

$$T_{n,\delta}(x,y) = (p_s(x - F_s) + (y \bmod p_s), F_s + (y \operatorname{div} p_s)) \qquad (4.3)$$

式中，$\delta = (n_1, n_2, \cdots, n_s)$；$n_s$ 为正整数；$p_s = N / n_s$，$\sum_s n_s = N$；N 为图像的边长，其中任意一个 n_s 都可以整除 N。F_s 由式（4.4）表示，即

$$F_s = \begin{cases} 0 & s = 1 \\ n_1 + n_2 + \cdots + n_{s-1} & s = 2, 3, \cdots, t-1 \end{cases} \qquad (4.4)$$

式中，$F_s \leqslant x < F_{s+1}$，离散 Kolmogorov 映射如图 4.21 所示。$N \times N$ 的图像可按照 δ 分成若干个 $n_s \times N$ 个矩形，接着每个矩形可等分成 n_s 个 $n_s \times p_s$ 的小矩形，由式（4.3）、式（4.4）以及图 4.21 可以看出，同一个小矩形的像素会映射到同一行中，经过多次 Kolmogorov 映射，图像将被加密。

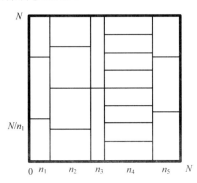

图 4.21　离散 Kolmogorov 映射

图 4.22 所示为 lena（512×512 像素）图像经过 1 轮和 9 轮 Kolmogorov 映射后的加密图像，其中 δ =[128,256,128]。

　　　（a）明文　　　　　　　（b）1 轮映射之后的图像　　　　（c）9 轮映射之后的图像

图 4.22　离散 Kolmogorov 映射加密效果

在 4.4 节提出的并行图像加密模型的基础上，引入 Kolmogorov 映射对这个模型进行改进。

1）图像的一行即为一块。

2）第 $i(i=0,1,\cdots,n-1)$ 个 PE 负责加密从 iq 行到 $(i+1)(q-1)$ 行，其中 $q=N/n$。

3）置乱方法采用 Kolmogorov 映射。为了满足并行加密的要求，对 δ 的取值提出了以下要求，即

$$\delta = (n,n,\cdots,n)_{1\times q} \tag{4.5}$$

4）为达到图像加密的安全性要求，加密的轮数应超过三轮。

经过第一轮映射后，任意像素细小的变化可以扩散到该像素所在的行，经过 Kolmogorov 映射，第二轮映射时可以扩散到 q 行上的所有像素，第三轮映射后其扩散效果便可以达到整个图像。经证明，该算法满足 4.4 节提出的良好的扩散效应、计算负载平衡和临界区管理三个基本要求。

4.5　基于 AES 算法的并行图像加密算法

NIST 于 2000 年 10 月对外界公布了 AES 算法，该算法加密速度快，并且能够抵抗常规条件下的各种攻击[16]，逐渐代替了 DES 算法。

在 4.3 节的基础上，本节提出了一个基于 AES 算法的并行图像加密算法，其核心思想是在 4.3 节提出的并行加密框架基础上进行修改，然后使用基于 CBC 模式的 AES 图像加密算法进行图像块内的完全扩散，同时分析相邻像素的相关性，以及各轮加密后的像素数目改变比率（the number of pixels change rate，NPCR）和像素值平均标准改变强度（the unified average changing intensity，UACI）。图 4.23

所示为使用 AES 算法对大小为 256×256 像素的 lena 灰度图像进行加密的结果，其中 PE 的个数为 4，加密轮数为 9，AES 的密钥为"0123456789ABCDEF"。

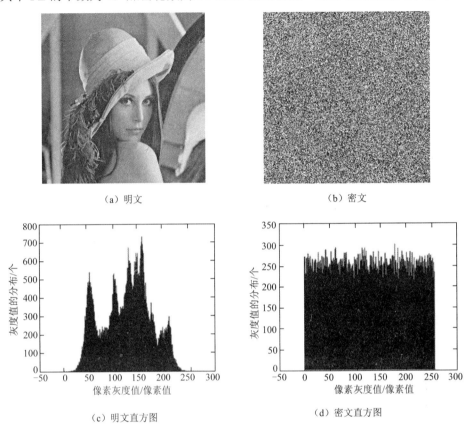

（a）明文   （b）密文

（c）明文直方图   （d）密文直方图

图 4.23   AES 算法对 lena 灰度图像加密结果

从图 4.23 中可以看出，采用该加密算法后直方图变得非常均衡。

1. 相邻像素的相关性

在加密前后，分别在水平方向、垂直方向、对角线方向各取 1000 对像素对，采用 AES 加密算法加密后像素之间的相关性大幅度减小，如表 4.1 所示。

表 4.1   明文和密文图像中相邻像素的相关系数

方向	明文	密文
水平	0.9831	0.0189
垂直	0.9572	−0.0295
对角线	0.9435	0.0287

2. NPCR 分析

各轮加密后的 NPCR 值如表 4.2 所示。

表 4.2　各轮加密后的 NPCR 值

轮数	1	2	3	4	5	6	7	8	9
NPCR	0.0038	0.2499	0.9959	0.9964	0.9961	0.9962	0.9959	0.9962	0.9961

从表 4.2 中可以看出，当改变明文最后一个像素的最后一位时，经历过第二轮加密后，其扩散范围约占 1/4，经历过 3 轮加密后，已经能够达到比较好的扩散效果。

3. UACI 分析

各轮加密后的 UACI 值如表 4.3 所示。

表 4.3　各轮加密后的 UACI 值

轮数	1	2	3	4	5	6	7	8	9
UACI	0.0013	0.0611	0.3349	0.3333	0.3339	0.3336	0.3333	0.3336	0.3334

从表 4.3 中可以看出，当改变明文最后一个像素的最后一位时，经历过三轮加密后，其 UACI 值约为 0.33，达到了比较好的扩散效果。

4.6　基于 MASK 变换的并行图像加密算法

4.6 节提到的加密算法使用基于 CBC 模式的加密算法实现块内扩散，为保障其算法的安全性，每一轮中 AES 算法需要 10 轮加密，降低了算法总体的加密速度，因此可将此算法进行改进。本节将介绍基于 MASK 变换的并行图像加密算法。

4.6.1　MASK 变换

1. A 变换

A 变换的形式化定义为

$$a+b=c \tag{4.6}$$

其中，a、b、$c \in G$，$G = \mathrm{GF}(2^8)$，其中的加法为异或运算。

2. M 变换

M 变换表示混合运算（mixing），由式（4.7）表示。$M: \boldsymbol{G}^{m \times n} \to \boldsymbol{G}^{m \times n}$，$m = 4$，$n = 4$。

设 $M(I) = C$ ，其中， $I = (a_{ij})_{m \times n}$, $C = (c_{ij})_{m \times n}$ 并且

$$c_{ij} = a_{ij} + \text{sum}(I) \tag{4.7}$$

其中，求和运算 sum 定义为

$$\text{sum}: G^{m \times n} \to G$$

设 $G^{m \times n} = \left\{ I \middle| I = \begin{bmatrix} a_{11} & \cdots & a_{1n} \\ \vdots & \ddots & \vdots \\ a_{m1} & \cdots & a_{mn} \end{bmatrix}, a_{ij} \in G \right\}$ ，则

$$\text{sum}(I) = \sum_i \sum_j a_{ij} \quad i = 4, \ j = 4 \tag{4.8}$$

其中，所有的加法均是 A 变换。

3. S 变换

S 变换表示替代运算（substitution），即使用 S 盒进行替代。S 变换的具体过程为：①选择一个 Chebyshev 映射的初始值，然后迭代映射生成初始 S 盒；②将二维表加载到三维表上；③多次应用离散化三维 Baker 映射使表格混乱，然后把三维表转换成二维表，即获得所需的 S 盒。为提高运算速度，本书在 S 变换中采用固定的 S 盒[17]，如表 4.4 所示。

表 4.4　文献[17]中的 S 盒

161	85	129	224	176	50	207	177	48	205	68	60	1	160	117	46
130	124	203	58	145	14	115	189	235	142	4	43	13	51	52	19
152	153	83	96	86	133	228	136	175	23	109	252	236	49	167	92
106	94	81	139	151	134	245	72	172	171	62	79	77	231	82	32
238	22	63	99	80	217	164	178	0	154	240	188	150	157	215	232
180	119	166	18	141	20	17	97	254	181	184	47	146	233	113	120
54	21	183	118	15	114	36	253	197	2	9	165	132	204	226	64
107	88	55	8	221	65	185	234	162	210	250	179	61	202	248	247
213	89	101	108	102	45	56	5	212	10	12	243	216	242	84	111
143	67	93	123	11	137	249	170	27	223	186	95	169	116	163	25
174	135	91	104	196	208	148	24	251	39	40	31	16	219	214	74
140	211	112	75	190	73	187	244	182	122	193	131	194	149	121	76
156	168	222	34	241	70	255	229	246	90	53	225	100	30	37	237
103	126	38	200	44	209	42	29	41	218	71	155	78	125	173	28
128	87	239	3	191	158	199	138	227	59	69	220	195	66	192	230
198	26	159	6	127	201	144	206	98	33	35	7	105	147	57	110

4. K 变换

K 变换（即 Kolmogorov 映射）中使用斜帐篷映射作为密钥产生器，使每一轮变换中使用的加密密钥都不一样，即

$$x' = \begin{cases} \dfrac{x}{\mu} & 0 < x \leqslant \mu \\ \dfrac{1-x}{1-\mu} & \mu < x < 1 \end{cases} \tag{4.9}$$

斜帐篷映射需要初始值 x_0 以及 μ。对于 $N \times N$ 大小的图像来说，每一轮加密需要大小为（$8 \times N$）bit 的轮密钥，选取式（4.9）产生的每个状态的前 8bit，迭代 N 次共产生（$8 \times N$）bit 的轮密钥。用图 4.24 表示每一轮使用 MASK 变换进行加密的过程。

开始
//预处理
$K(\boldsymbol{I})$;
//加密轮
FOR i = 1 to 加密轮数-1
　　$M(\boldsymbol{I})$;
　　$A(\boldsymbol{I})$;
　　$S(\boldsymbol{I})$;
　　$K(\boldsymbol{I})$;
END
//最后一轮
$M(I)$;

图 4.24　每一轮中 MASK 变换伪代码

4.6.2　MASK 并行图像加密算法

对 4.6 节提出的图像并行加密框架进行补充得到的改进图像并行加密算法框架如下。

1）图像的一行即为一块。

2）第 $i(i=0,1,\cdots,n-1)$ 个 PE 负责加密从 iq 行到 $(i+1)(q-1)$ 行，其中 $q=N/n$，使用 A 变换、M 变换、S 变换实现每个块内的加密。

3）使用 Kolmogorov 映射进行置乱。

4）为保证算法的安全性，加密的轮数为 9 轮以上。

4.6.3 性能分析

选取大小为 256×256 像素的 lena 灰度图像，使用基于 MASK 变换的图像并行加密算法对其加密，PE 的个数为 4，加密轮数为 9 轮，斜帐篷映射的外部密钥为 x_0 =0.12345678，μ =1.9999，加密结果如图 4.25 所示。

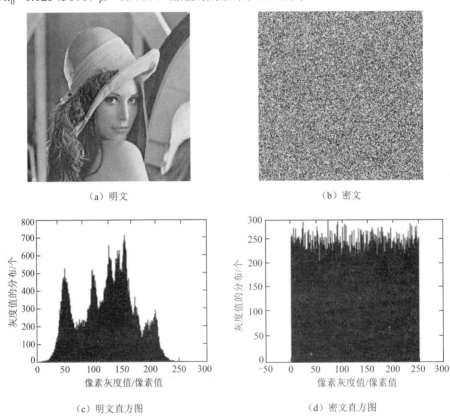

（a）明文   （b）密文

（c）明文直方图   （d）密文直方图

图 4.25 基于 MASK 变换的加密算法对 lena.jpg 图像的加密结果

从图 4.25 中可以看出，加密后的直方图变得很均匀。

1. 相邻像素的相关性

图像的相邻像素之间具有很强的相关性，这为图像压缩提供了可能性，但同时也为攻击者提供了机会，因为攻击者同样可以利用相邻像素的相关性尝试恢复明文图像，因此要求加密算法能够有效破坏图像相邻像素的相关性。在加密前后，分别在水平方向、垂直方向、对角线方向各取 1000 对像素对，采用 MASK 变换算法加密后，像素之间的相关性大幅减小，如表 4.5 所示。

表 4.5　明文和密文相邻像素的相关值

方向	明文	密文
水平	0.9803	−0.0124
垂直	0.9583	−0.0273
对角线	0.9420	0.0074

2. NPCR、UACI 分析

改变明文中最后一个图像像素的最后一位，分析算法 NPCR 和 UACI。

各轮加密后的 NPCR 值和 UACI 值如表 4.6 和表 4.7 所示。

表 4.6　各轮加密后的 NPCR 值

轮数	1	2	3	4	5	6	7	8	9
NPCR	0.0039	0.2500	0.9961	0.9962	0.9961	0.9962	0.9959	0.9960	0.9964

表 4.7　各轮加密后的 UACI 值

轮数	1	2	3	4	5	6	7	8	9
UACI	0.0014	0.0846	0.3357	0.3331	0.3340	0.3328	0.3330	0.3319	0.3343

从表 4.6 和表 4.7 的计算结果可以看出，MASK 变换算法扩散效果良好。以改变明文的一个像素为例，如图 4.26 所示，白点表示像素值相同的点，密文具有很好的扩散效应。

图 4.26　9 轮加密后密文

4.6.4　M 变换的改进

为了测试 MASK 变换中块内扩散效应，选取大小为 256×256 像素的 lena 灰度图像，根据 4.5 节所述，三轮后即可达到整幅图像的完全扩散。实验轮数选取三轮，每次随机选取一个像素改变其最后一位，做 4096 次实验，计算其密文比特的改变率，表 4.8 给出了改变率的最大值、最小值及平均值。

表 4.8　密文比特的改变率

最大值	最小值	平均值
0.4982	0.4742	0.4861

从表 4.8 中可以看出，即使是改变率的最大值也没有达到 0.5，这是由 M 变换的缺陷造成的。M 变换中包含的都是异或运算，假设在原文图像中某一位置上的像素 A 变成了像素 B，使用 M 变换时将像素与该像素所在块的所有像素进行异或，根据异或的特性，这个位置上的像素自始至终都不会发生改变，这便是扩散效果不理想的原因，因此对 M 变换进行改进，定义为

$$c_i = \left(a_i + \sum_{j=1}^{N} a_j \right) \bmod 256 \tag{4.10}$$

式（4.10）采用模 256 加法并且是可逆的，令 $S = \left(\sum_{i,j} a_{i,j} \right) \bmod 256$，则

$$\sum_{i,j} c_{i,j} \bmod 256 \equiv (N+1)S \bmod 256 \quad N=16 \tag{4.11}$$

式（4.11）的推理过程为

$$\sum_{i,j} c_{i,j} \bmod 256 \equiv \left(\sum_{i,j} \left(a_{i,j} + \sum_{i,j} a_{i,j} \right) \bmod 256 \right) \bmod 256$$

$$= \left[\sum_{i,j} \left(a_{i,j} + \sum_{i,j} a_{i,j} \right) \right] \bmod 256$$

$$= \left[(N+1) \sum_{i,j} a_{i,j} \right] \bmod 256$$

$$= \left\{ (N+1) \left[\left(\sum_{i,j} a_{i,j} \right) \bmod 256 \right] \right\} \bmod 256$$

$$= [(N+1)S] \bmod 256 \quad N=16 \tag{4.12}$$

$N+1=17$ 与 256 互质，故 $\left(\sum_{i,j} c_{i,j} \right) \bmod 256$ 与 S 的值一一对应。例如，当

$\left(\sum\limits_{i,j} c_{i,j}\right) \bmod 256 = 17$ 时，对应的 $S=1$，当 $\left(\sum\limits_{i,j} c_{i,j}\right) \bmod 256 = 33$ 时，对应的 $S=17$。

因此，在算法实现时可根据 $\left(\sum\limits_{i,j} c_{i,j}\right) \bmod 256$ 的值查表求得 S，进而根据式（4.13）

求出 $a_{i,j}$，即

$$
\begin{aligned}
a_{i,j} &= \left(c_{i,j} - \sum_{i,j} a_{i,j}\right) \bmod 256 \\
&= \left[c_{i,j} - \left(\sum_{i,j} a_{i,j}\right) \bmod 256\right] \bmod 256 \\
&= (c_{i,j} - S) \bmod 256
\end{aligned}
\tag{4.13}
$$

表 4.9 给出了使用改进后的 M 变换的密文比特的改变率。

表 4.9　使用改进后的 M 变换的密文比特的改变率

最大值	最小值	平均值
0.5114	0.4922	0.5018

从表 4.9 中可以看出改进后的 M 变换的密文比特的改变率有所提升。

小　　结

本章主要介绍了如何将自适应加密算法应用到彩色图像中，着重阐述了加密过程以及解密过程和算法本身存在的不足，介绍了并行加密算法的模式及框架，同时介绍了基于混沌映射和 AES 算法的图像并行加密算法，最后详细介绍了基于 MASK 变换的图像并行加密算法，其中包括 MASK 变换，基于该变换的图像并行加密算法的性能分析，最后提出了对 M 变换的改进，获得了令人满意的效果。

参 考 文 献

[1]　LINT Q, KLARA N. Comparison of MPEG encryption algorithms[J]. Computer and Graphics, 1998, 22(4): 437-448.

[2]　CHEN G, ZHAO X Y, LI J L. A self-adaptive algorithm on image encryption[J]. Journal of Software, 2005, 16(11): 1975-1982.

[3]　ZHAO X Y, CHEN G. Ergodic matrix in image encryption[C]// Second International Conference on Image and Graphics. Zhejiang: SPIE, 2002: 4875-4878.

[4]　LEE S H, SUNGONG, LIM S Y, et al. Increasing the storage density of a page-based holographic data storage system by image upscaling using the PSF of the Nyquist aperture[J]. Optics Express, 2011, 19(13): 53-65.

[5]　PICHLER F, SCHARINGER J. Ciphering by Bernoulli shifts in finite Abelian groups[C]// Conference on Contributions to General Algebra Linz Conference. Austria: Linz-Conference, 1994: 465-476.

[6]　SCHARINGER J. Fast encryption of image data using chaotic Kolmogorov flows[J]. Journal of Electronic Imaging,

　　　　　1998, 7(2): 318-325.

[7]　CHEN G, MAO Y, CHUI C. Symmetric image encryption scheme based on 3D chaotic cat maps [J]. Chaos, Solitons and Fractals，2004, 21(3): 749-761.

[8]　LIAN S, SHUN J, WANG Z. A block cipher based on a suitable use of the chaotic standard maps [J]. Chaos, Solitons and Fractals, 2005, 26(1):117-129.

[9]　GUAN Z, HUANG F, GUAN W. Chaos-based image encryption algorithm[J]. Physics Letters A, 2005, 346(13): 153-157.

[10]　ZHANG L, LIAO X, WANG X. An image encryption approach based on chaotic maps [J]. Chaos, Solitons and Fractals, 2005, 24(3): 759-765.

[11]　GAO H, ZHANG Y, LIANG S, et al. A new chaotic algorithm for image encryption[J]. Chaos, Solitons and Fractals, 2006, 29(2): 393-399.

[12]　PAREEK N K, PATIDAR V, SUD K K. Image encryption using chaotic logistic map[J]. Image Vision Comput，2006, 24(9): 926-934.

[13]　TANG G P, LIAO X F, CHEN Y. A novel method for designing S-Boxes based on chaotic maps [J]. Chaos, Solitons and Fractals, 2005, 23(2): 413-419.

[14]　周庆. 数字图像快速加密算法的设计与实现[D]. 重庆：重庆大学，2008.

[15]　SCHARINGER J. Application of signed Kolmogorov hashes to provide integrity and authenticity in web-based software distribution[J]. Lecture Notes in Computer Science, 2001, 2178(1): 257-269.

[16]　NECHVATA L J. Report on the development of the advanced encryption standard[R]. National Institute of Standards and Technology, 2000.

[17]　WU C, KUO C C J. Design of integrated multimedia compression and encryption systems[J]. IEEE Transaction on Multimedia, 2005, 7(5): 828-839.

第5章　自适应加密与并行加密相结合的彩色图像加密算法

当自适应加密算法应用于彩色图像时，它使得图像的加密与图像自身的数据紧密相关，但因为此方法的基本思想是排序操作，加密前后图像的直方图不发生任何改变。攻击者通过选择明文攻击可以很容易恢复出原文图像。同时仅采用自适应加密算法并不能达到良好的扩散效应，其安全性得不到保证。当加密数据量较大的图像时，为了在安全性提高的同时保证算法的效率，可以将自适应加密与并行加密结合起来，形成一种新型的彩色图像加密算法。

例如，将自适应加密算法与 A 变换、S 变换以及本书提出的改进后的 M 变换结合起来，同时结合 CML 混沌加密系统进行彩色图像加密算法设计。首先对图像进行分块，然后利用 A 变换、M 变换、S 变换对块内像素进行替代，从而达到块内扩散的效果，最后采用自适应加密算法将扩散的效果扩大到整个图像，在加密过程中，利用 CML 混沌加密系统进行密钥扩展。

5.1　CML 混沌加密系统

在 A 变换中，需要有一系列密钥的参与。为了提高算法的安全性，每一轮每一个分量的 A 变换都采用不同的子密钥。对于密钥序列来说具备伪随机的特点，而且对初始密钥敏感，因此利用基于混沌的方式来产生子密钥就是一种不错的选择，它产生的子密钥具有随机性、敏感性、简单性和遍历性等特点[1-4]。在有限精度的情况下，混沌的动力学属性会发生退化，而基于 CML 的混沌加密系统就不会出现这种情况，它可以很好地保证混沌的动力学属性。很多映射通过一定的规则耦合后就会组成一个 CML。例如，利用两个斜帐篷映射来组成 CML，斜帐篷的定义[5]为

$$g(x)=\begin{cases}\dfrac{x}{b} & 0<x<b \\ (1-x)(1-b) & b\leqslant x<1\end{cases} \quad (5.1)$$

式中，b 为系统参数，$0<b<1$；x 为混沌的状态，它的值均匀分布于 0～1 之间。

两个斜帐篷映射由式（5.2）定义的规则进行耦合，即

$$\begin{cases} x_1(t) = \varepsilon \cdot g[x_1(t-1)] + (1-\varepsilon)g[x_2(t-1)] \\ x_2(t) = \varepsilon \cdot g[x_2(t-1)] + (1-\varepsilon)g[x_1(t-1)] \end{cases} \quad (5.2)$$

两个斜帐篷映射都各自有初始参数b、x_0，这四个参数共同构成了初始密钥$(b_1, b_2, x_1(1), x_2(1))$。$x_1(t)$和$x_2(t)$分别表示状态值，$\varepsilon$的值无限接近于1，它表示权值。根据CML产生的PRNG对于初始密钥非常敏感，因此采用CML混沌加密系统生成子密钥序列对于密钥扩展非常有利。

5.2 加/解密过程

1. 加密过程

在加密的每一轮中，首先需要对彩色图像的每个颜色分量进行分块，图像块的大小规定为4×4像素，对每个块使用4.6节所提到的A变换、S变换和改进的M变换进行像素的替代，从而达到块内扩散的效果，使用4.2节所提到的自适应图像加密算法置乱彩色图像三个分量的像素，重复此过程直到要求的轮数为止。

步骤1 生成加密子密钥。初始密钥$E = (b_1, b_2, x_1(1), x_2(1))$选定后，利用CML迭代，comb16to32(dec2bin (floor ($x_1(2) \times 10^{14}$)), dec2bin (floor ($x_2(2) \times 10^{14}$))), floor表示下取整操作，dec2bin表示十进制转二进制操作，comb16to32表示拼接操作，它将两个二进制数分别取前16位，并按先后次序拼接成32位数，在进行4轮迭代后，就会组成128位数，它可以作为R分量的加密子密钥，用E_1表示。

步骤2 分块。对R分量的像素进行分块，使每个被处理的块大小为4×4像素，其中每个像素用8位表示，16个像素值按次序拼接成128位的A。

步骤3 A、M、S变换。使用A变换、M变换、S变换对R分量分别对每个图像块进行加密。对A和E_1进行异或，即使用A变换得到128位B。每个元素用8位表示，使用改进后的M变换将B所代表的16个像素值进行相加得到数值C，然后将B中的任一像素与C进行模256相加，最后使用S变换。

步骤4 置乱。使用自适应加密算法将G分量的像素按从小到大的顺序排序生成位置矩阵$G_{n,n}$置乱R分量得到置乱后的R分量，标记为R^1。

步骤5 生成其他分量加密子密钥，重复步骤1～步骤4就完成一轮加密：128位的E_1可以被分为四组，每组32位，令

$$b_1 = E_{1(1\sim32)} / 2^{32}$$
$$b_2 = E_{1(33\sim64)} / 2^{32}$$
$$x_1(1) = E_{1(65\sim96)} / 2^{32}$$
$$x_2(1) = E_{1(97\sim128)} / 2^{32}$$

则 b_1、b_2、$x_1(1)$、$x_2(1)$ 表示 $0\sim1$ 的小数，又可以将它们作为 G 分量的初始密钥 $E=(b_1,b_2,x_1(1),x_2(1))$，重复步骤1～步骤4完成对 G 分量的加密。值得注意的是，在步骤4中，应使用 B 分量排序生成位置矩阵，然后置乱 G 分量。加密 B 分量的操作方式与加密 G 分量是相同的，在此不做赘述。

步骤 6　重复步骤 1～步骤 6，进行多轮加密。

加密过程关键部件如图 5.1 所示（其中，虚线部分表示自适应加密；实线部分表示 A、M、S 变换）。

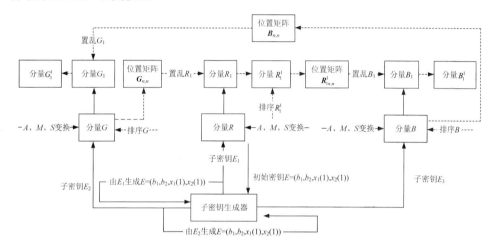

图 5.1　加密过程关键部件

2. 解密过程

解密与加密相逆：加密过程中块内扩散是按照 A、M、S 变换的顺序，置乱是按照 R、G、B 的顺序；解密过程中，则是按照 B、G、R 的顺序还原像素位置，然后按照 S、M、A 逆变换的顺序还原出原文图像，其中在 M 逆变换中，明文像素值是按照4.6.4 小节所介绍的方式获得，在此不做赘述。

5.3　仿真实验结果

本章采用 lena（256×256 像素）和 baboon（256×256 像素）两个经典彩色图像为例进行仿真实验，实验使用的计算机平台为 Celeron(R) 1.8 GHz CPU，0.99GB 内存，MATLAB 2008a 软件。加密过程中各参数设置如下：加密轮数为四轮，密钥设置为（0.27，0.9369，0.36666，0.999998），耦合权值为 0.997，如图 5.2 所示。可以看到，仅采用自适应加密算法加密图像效果不佳，在密文图像中仍然可以得到一些明文信息。例如，在图 5.2（d）所示的加密图像中，lena 红色部分较为明

显，这也是明文图像的特征，这与算法仅改变了像素的位置而没有改变像素的值
有关。采用本节提出的加密算法加密图像效果显著，密文图像没有泄露明文图像
的任何信息。

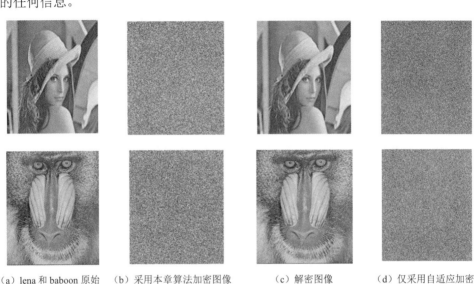

（a）lena 和 baboon 原始　　（b）采用本章算法加密图像　　　（c）解密图像　　　（d）仅采用自适应加密
　　　明文图像　　　　　　　　　　所得到的密文图像　　　　　　　　　　　　　　　　　　算法加密图像所得到的
　　　密文图像

图 5.2　加、解密测试效果

对本章提出的加密算法进行关于统计分析的测试，包括直方图
测试、相邻像素之间的相关性分析、敏感性分析和密钥空间分析。

5.3.1　直方图测试

彩图 5.2

仅采用自适应加密算法加密图像，图像直方图在加密前后保持不变，针对这
一不足，结合 A 变换、改进后的 M 变换、S 变换加密图像，加密后的彩色图像每
个分量的直方图就会与原文每个分量的直方图有很大的差距，每个分量的直方图
都会变得非常均衡，采用信息熵可以定量地进行表示，即

$$H(m) = \frac{1}{3}\sum_{i=1}^{3}\sum_{j=0}^{2^8-1} p(m_{i,j})\log\frac{1}{p(m_{i,j})} = \frac{1}{3}(7.9975+7.9968+7.9971)=7.9971 \approx 8 \qquad (5.3)$$

计算 lena 彩色图像三个分量熵值的平均值为 7.9971，非常接近理论值 8。这
就意味着在加密过程中如果出现信息泄露，那么这种影响也是可以忽略的，因此
本加密算法对于熵攻击来说也有很好的抵抗性，如图 5.3 所示。

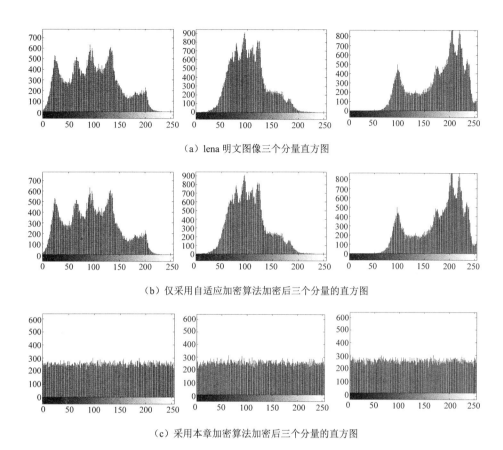

（a）lena 明文图像三个分量直方图

（b）仅采用自适应加密算法加密后三个分量的直方图

（c）采用本章加密算法加密后三个分量的直方图

图 5.3　加密前后 lena 图像统计特性（横坐标为分量像素值，纵坐标为分量分布个数）

5.3.2　相邻像素之间的相关性分析

相邻像素的相关性：强相关性是图像的一个固有特性，一般情况下，图像在水平方向、垂直方向和对角线方向这三个方向上的相邻像素的相关性很强，此外，彩色图像不同分量同一位置像素的相关性也较强。随机地在同一分量的水平方向、垂直方向和对角线方向与不同分量同一位置上选取 1000 组像素对，经过四轮加密后，加密前后像素对的相关分布情况如图 5.4 所示，相关系数如表 5.1 和表 5.2 所示，与仅采用自适应加密算法加密彩色图像相比，采用本章加密算法加密彩色图像后相关性更低。因为该算法不仅进行了像素的置乱，同时也改变了像素的值并且实现了扩散，这些因素都能极大程度地降低像素间的相关性。

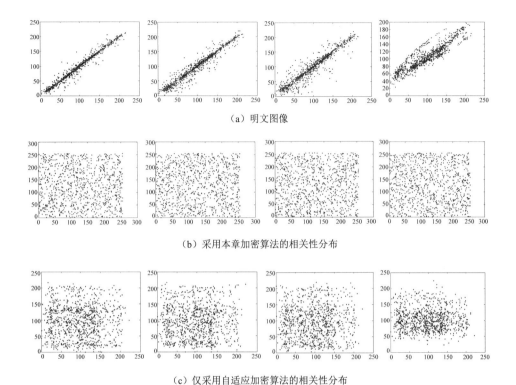

（a）明文图像

（b）采用本章加密算法的相关性分布

（c）仅采用自适应加密算法的相关性分布

图 5.4　lena 彩色图像加密前后 R 分量水平、垂直、对角线方向以及 R、G 分量同一位置像素的相关性分布［横坐标为（x, y）位置的像素值，纵坐标为（$x+1, y$）位置的像素值］

表 5.1　采用本章算法加密 lena 前后相邻像素对的相关系数

方向	加密前	加密后
R 分量水平	0.9843	0.0052
R 分量垂直	0.9709	0.0149
R 分量对角线	0.9481	0.0563
R、G 分量同一位置	0.909	−0.0505

表 5.2　仅采用自适应加密算法加密 lena 前后相邻像素对的相关系数

方向	加密前	加密后
R 分量水平	0.9843	0.0091
R 分量垂直	0.9709	0.0276
R 分量对角线	0.9481	0.0662
R、G 分量同一位置	0.909	−0.0722

5.3.3 敏感性分析

在某些情况下，攻击者会对明文图像做些微小的变化，比如只任意修改一个像素，通过观察密文的变化从而找出明文和密文之间的某种关系进而恢复出密钥。但如果加密算法本身具有良好的扩散性，即使应用差分攻击也是非常低效的，那是因为明文图像即使再小的一个变化也会导致密文图像非常重大的改变。本算法将大小为 256×256 像素的彩色图像的每个分量分割为 4×4 像素的块，在算法的步骤三中采用的 A、M、S 变换能实现块内的完全扩散，经过第一轮加密后，在明文中任意一个像素发生的微小变化都可以扩散到该像素所在的 4×4 像素块。经过算法步骤四的置乱后，这 16 个像素将被分散到 64×64 个不同的块中，经过第二轮的加密，这种扩散效果就必然蔓延到 64×64 个块内的全部像素，进行完第三轮加密之后，这种扩散效果就可以蔓延到整幅图像中去了。

在改变明文的任意一个像素的一位或者是改变密钥的一位的情况下，为了测试这种改变对于整个加密图像的影响，采用 NPCR 和 UACI 这两种指标来进行衡量。本章测试采用的彩色图像是 lena，当改变明文图像中 R 分量的最后一个像素的最后一位时，测试结果如表 5.3 所示，可以看出四轮加密后，NPCR 和 UACI 均已非常理想（NPCR>0.996，UACI>0.334），与之相比，仅采用自适应加密算法加密图像后 NPCR 不超过 0.995，UACI 不超过 0.228，如表 5.4 所示。

表 5.3 采用本章算法加密图像后的 NPCR 和 UACI 的测试结果

轮数	1	2	3	4	5	6	7
NPCR	0.0018	0.3009	0.9934	0.9962	0.9964	0.9963	0.9961
UACI	0.0009	0.0931	0.3129	0.3344	0.3352	0.3346	0.3353

表 5.4 仅采用自适应加密算法加密图像后的 NPCR 和 UACI 的测试结果

轮数	1	2	3	4	5	6	7
NPCR	0.0002	0.0013	0.0349	0.7445	0.9830	0.9936	0.9941
UACI	0.0001	0.0005	0.0076	0.1703	0.2260	0.2274	0.2279

5.3.4 密钥空间分析

在加密过程中，利用 CML 混沌加密系统进行密钥扩展，其初始参数是 4 个 0～1 之间的小数，则密钥空间可达到 $10^{4 \times N}$，N 为小数点后有效位的个数。在每一轮加密中，通过 CML 混沌加密系统可产生 3 个 128 位的子密钥，分别用于彩色图像三个分量的加密，则在一轮加密中子密钥空间可达到 $2^{128 \times 3}$。

5.4　算法的并行性及其应用实例

传统空域图像的加密算法大多采用 CBC 模式,这要求当前像素的加密与前一像素的密文有关,因而整个加密实际上是一个串行过程,不能在并行计算平台上有效地实施。本章提出的算法由于具有并行性,极大地提高了对空域图像的加密速度,它不仅能够用软件实现,同时也容易移植到硬件平台上。假如存在 N 个处理单元,每个处理单元负责加密 M 个图像块,各个处理单元同时对各自负责的块采用 A、M、S 变换实现像素的替代以达到块内扩散,当所有的处理单元完成操作后进行通信时,采用自适应加密算法实现像素置乱。这样对于数据量很大的图像,就可以将加密的过程分解,每个处理单元完成加密的一部分,并行执行。对于一个标准的彩色图像,假设采用 CBC 串行模式加密该图像的时间为 T,当处理单元的个数为 N 时,忽略分块操作、处理单元通信开销等时间,那么理论上本章提出的算法可将加密时间缩短为原来的 $1/N$ 左右,极大地提高了效率。

小　　结

本章提出了一种新型的、安全高效的自适应并行彩色图像加密算法。该算法将自适应这种运算速度快、操作简单的图像加密算法引入彩色图像的加密中实现像素的置乱,采用本书提出的 A、M、S 变换来实现像素替代以解决自适应加密算法仅对像素的位置进行改变而带来的安全性不足的问题,为提高安全性,在加密过程中,使用 CML 混沌加密系统进行密钥扩展。同时本算法具有并行性,对于加密数据量较大的图像,该算法在计算速度上比传统的串行模式的加密算法具有明显的优势。仿真实验和安全性分析表明,该加密算法对密钥敏感的同时也达到了很大的密钥空间,能够抗多种攻击手段,具备良好的应用前景。

参 考 文 献

[1] FRIDRICH J. Symmetric ciphers based on two-dimensional chaotic maps[J]. International Journal of Bifurcation and Chaos, 1998, 8(6): 1259-1264.

[2] 　CHENG H, LI X. Partial encryption of compressed images and videos [J]. IEEE Transactions on Signal Processing, 2000, 48(8): 2439-2451.

[3] WEN J T, MICHAEL S. A Format-compliant configurable encryption framework for access control of video[J]. IEEE Transactions on Circuits and Systems for Video Technology, 2002, 12(6): 1431-1443.

[4] DURSTENFELD R. Algorithm 235: Random permutation[J]. Communications of the ACM, 1964, 7(7): 420.

[5] 李顺琴,廖晓峰,周庆. 基于 CML 的 JPEG 格式兼容加密算法[J]. 计算机工程,2008, 34(14): 163-165.

第6章 基于二次密钥加密的快速图像加密算法

随着通信领域及计算机领域的不断发展，通过网络进行信息交互的方式越来越普遍，但是随之带来的安全隐患也越来越明显。目前，互联网上传播的数据样式多种多样，如文本数据、图像数据、音频数据、视频数据等，如何保障这些数据的安全，特别是图像数据在传输过程中不被截获和篡改成为人们关注的焦点。图像数据的安全性之所以受到人们的广泛关注，不仅是因为它相比其他几种类型的数据而言更加易于存储和管理，更是因为图像数据在通信过程中以非常直观的形式进行信息传达，并且携带的信息量很大。传统的数据加密算法，如 AES 和 DES，都只适用于文本数据，而混沌理论的迅猛发展，为数字图像加密提供了新的解决思路。因此，近年来，基于混沌理论的数字图像加密技术的研究已经成为密码学的一个重要分水岭。

6.1 背 景 介 绍

基于混沌理论的数字图像加密方法通常有两种，即置乱和扩散。置乱可以很好地将数字图像中每个像素的位置打乱，从而形成肉眼无法识别的加密图像，但是这种方法并没有改变像素之间的关系；扩散是将数字图像中每个像素值进行变换，改变了像素的统计特性。一般是将两者结合使用才能达到加密系统抗各类攻击能力强、安全性较高的目的。

理论上说，图像加密算法设计得越复杂，加密系统的加密效果越理想。但事实上，对图像数据进行加密，一方面是为了让图像数据免受外界攻击，另一方面还需要加密后的图像满足通信系统实时性的要求。假如一幅图像经过加密后无法在规定的时间内完成数据的交互，那么这个加密系统的设计是毫无意义的。

6.2 基 本 技 术

本章设计了一种基于二次密钥加密的快速图像加密算法。通过对密钥流发生器进行重新设计，利用 CML 和 S 盒组成的密钥流发生器，大大降低了加密算法的计算复杂度；然后通过密钥流发生器生成的一次密钥对明文图像进行置乱加密；最后通过二次密钥和初始密文本身对其进行扩散变换，即得密文图像。解密算法是加密算法的逆过程。

6.2.1　CML

CML 是一种在时域和空域上均为离散，但保持连续状态的动力学系统。CML 系统具有数值计算效率高、并行计算性好等优点，所以人们经常将其运用到基于混沌安全、混沌控制等领域[1,2]。

经典的 CML 模型是建立在一维时空混沌系统上的，即

$$x_{n+1}(i) = (1-\varepsilon)f[x_n(i)] + \frac{\varepsilon}{2}\{f[x_n(i+1)] + f[x_n(i-1)]\} \tag{6.1}$$

式中，ε 为 CML 的耦合强度；f 为混沌映射函数；n 为离散时间同步数；i 为空间上格点的位置。

利用 CML 产生的混沌序列具有随机性、初值敏感性和自相关性等特点[3]。

本章算法基于 CML 在混沌系统中的随机性和扩散性，构建了一种新的二维动态映射，即

$$\begin{cases} x_{i+1} = (1-\varepsilon)f_1(x_i) + \varepsilon f_2(y_i) \\ y_{i+1} = (1-\varepsilon)f_1(y_i) + \varepsilon f_2(x_i) \end{cases} \tag{6.2}$$

式中，ε 为 CML 的耦合强度；f 为混沌映射函数；f_1 为斜帐篷映射，有

$$f_1(x)\begin{cases} \dfrac{x}{p} & x \in [0,p) \\ \dfrac{(1-x)}{(1-p)} & x \in [p,1] \end{cases} \tag{6.3}$$

式中，x 为系统初始状态；p 为系统的控制参数。$f_2(x)$ 为 Logistic 映射，有

$$f_2(x) = \alpha x(1-x) \quad \alpha \in (0,4) \tag{6.4}$$

式中，α 为控制参数，α 取 3.99973。

图 6.1 所示为二维动态映射的时空行为发展图。从图中可以看出，利用二维动态映射产生的 CML 序列在区间 [–1,1] 上呈混沌特性，说明该映射生成的混沌序列具备迭代特性，并且具有比较好的随机性，符合数字图像在混沌加密领域的应用标准。

选取 $\varepsilon = 0.99$，$x_0 = 0.5$，$y_0 = 0.6$ 作为二维动态映射的初始值，迭代 500 次在 [–1,1] 区间内测试生成的混沌序列的敏感性如图 6.2 所示。可以看出，当迭代次数在 110、220、330 附近时，该映射产生的混沌序列均对初值表现出较高的敏感特性，而当迭代次数超过 400 次时，混沌序列基本对初始值具备了极高的敏感性。

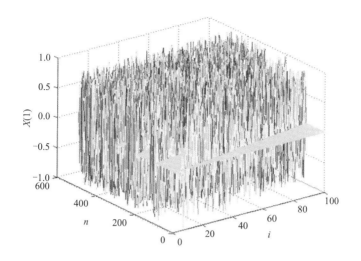

彩图 6.1

图 6.1　二维动态映射的时空行为发展图

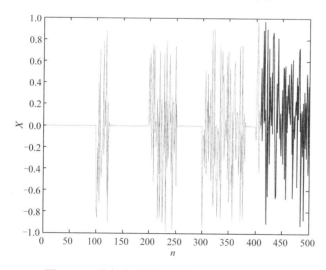

图 6.2　二维动态映射生成的混沌序列的敏感性

　　自相关性是反映一个混沌序列功率谱宽度的量。一个好的混沌序列应该具有好的自相关性，自相关性越好，其功率谱越宽，代表抵抗外界干扰的能力越强。一般当频谱宽度超过 2000 时，可以认为混沌序列具有较好的抗干扰能力[4]。图 6.3 所示为该二维动态映射生成的混沌序列的自相关性，可以看出，该混沌映射产生的混沌序列具有良好的抗干扰能力，从而可以为混沌系统提供较好的安全保障。

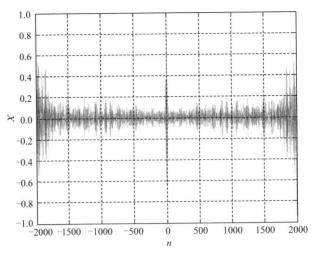

图 6.3　二维动态映射生成的混沌序列的自相关性

6.2.2　S 盒

S 盒也称为置换盒，是分组密码加密系统中的一个重要组成部分，也是加密系统中唯一的非线性组成部分。S 盒是一个简单的数学代换，但是构造一个好的 S 盒不是一件容易的事情，传统的 S 盒构建有以下三种方法，即人为构造、数学方法构造和随机选择性测试[5,6]。

本章算法选择 AES 中的 S 盒，因此选择第二种方法构建 S 盒。其构造原理是基于对字节码元素在一个有限域 $GF(2^8)$ 中求乘法逆运算，然后在有限域 $GF(2)$ 中通过仿射变换来计算一个 8×8 的非线性变换，最后对元素做"63"加法运算。具体构造方法如下。

步骤 1　对于任意的 $a(x), b(x) \in GF(2^8)$，若满足 $a(x) \cdot b(x) \bmod m(x) = 1$，则称 $b(x)$ 为 $a(x)$ 的逆元，记为 $a^{-1}(x) \bmod m(x)$，其中 $m(x) = x^8 + x^4 + x^3 + x + 1$。

步骤 2　通过仿射变换 $Af[a(x)] = u(x) \cdot a(x) + v(x) \bmod(x^8 + 1)$，可求得仿射变换表达式 $Af(a) = Fa + v$。其中，$\boldsymbol{F}$、$\boldsymbol{a}$、$\boldsymbol{v}$ 定义为

$$\boldsymbol{F} = \begin{bmatrix} u_0 & u_1 & u_2 & u_3 & u_4 & u_5 & u_6 & u_7 \\ u_7 & u_0 & u_1 & u_2 & u_3 & u_4 & u_5 & u_6 \\ u_6 & u_7 & u_0 & u_1 & u_2 & u_3 & u_4 & u_5 \\ u_5 & u_6 & u_7 & u_0 & u_1 & u_2 & u_3 & u_4 \\ u_4 & u_5 & u_6 & u_7 & u_0 & u_1 & u_2 & u_3 \\ u_3 & u_4 & u_5 & u_6 & u_7 & u_0 & u_1 & u_2 \\ u_2 & u_3 & u_4 & u_5 & u_6 & u_7 & u_0 & u_1 \\ u_1 & u_2 & u_3 & u_4 & u_5 & u_6 & u_7 & u_0 \end{bmatrix}, \quad \boldsymbol{a} = \begin{bmatrix} a_7 \\ a_6 \\ a_5 \\ a_4 \\ a_3 \\ a_2 \\ a_1 \\ a_0 \end{bmatrix}, \quad \boldsymbol{v} = \begin{bmatrix} v_7 \\ v_6 \\ v_5 \\ v_4 \\ v_3 \\ v_2 \\ v_1 \\ v_0 \end{bmatrix} \quad (6.5)$$

步骤 3　令 Af_a 为矩阵 F，x 为向量 a，则 S 盒的非线性表达式可以表示成

$$S = Af_a \cdot x^{-1} + v$$

利用已知参数 AES 算法中 S 盒的仿射变换对 (u,v) 可得

$$u = (1F)_{16}、v = (63)_{16}$$

即 $u = (00011111)_2$、$v = (01100011)_2$，所以可以构造出 S 盒的替换表。

AES 中 S 盒具有平衡性、差分均匀度、非线性、正交性等性质，S 盒性质的好坏直接决定了该图像加密算法抵抗攻击的能力的强弱[7]。不同的性质抵抗不同的密码学相关攻击，如平衡性可以抵抗像素相关性攻击、差分均匀度可以抵抗差分攻击等。本章算法重新构造了 S 盒，S 盒代数式系数表如表 6.1 所示。同时，由于本章算法采用的是二次密钥加密，因此，二次密钥流的生成间接影响该算法的时间复杂度，将 S 盒中选取的 256 对数值对作为二次密钥流，比通过计算求得的二次密钥流时间复杂度要小得多。

表6.1　S 盒代数式系数表

	0	1	2	3	4	5	6	7	8	9	A	B	C	D	E	F
0	161	85	129	224	176	50	207	177	48	205	68	60	1	160	117	46
1	130	124	203	58	145	14	115	189	235	142	4	43	13	51	52	19
2	152	153	83	96	86	133	228	136	175	23	109	252	236	49	167	92
3	106	94	81	139	151	134	245	72	172	171	62	79	77	231	82	32
4	238	22	63	99	80	217	164	178	0	154	240	188	150	157	215	232
5	180	119	166	18	141	20	17	97	254	181	184	47	146	233	113	120
6	54	21	183	118	15	114	36	253	197	2	9	165	132	204	226	64
7	107	88	55	8	221	65	185	234	162	210	250	197	61	202	248	247
8	213	89	101	108	102	45	56	5	212	10	12	243	216	242	84	111
9	143	67	93	123	11	137	249	170	27	223	186	95	169	116	163	25
A	174	135	91	104	196	208	148	24	251	39	40	31	16	219	214	74
B	140	211	112	75	190	73	187	244	182	122	193	131	194	149	121	76
C	156	168	222	34	241	70	255	229	246	90	53	225	100	30	37	237
D	103	126	38	200	44	209	42	29	41	218	71	155	78	125	173	28
E	128	87	239	3	191	158	199	138	227	59	69	220	195	66	192	230
F	198	26	159	6	127	201	144	206	98	33	35	7	105	147	57	110

6.3　基于二次密钥加密的数字图像加密算法

传统的基于混沌映射的图像加密算法，将混沌映射产生的同阶级的混沌序列作为置乱加密和扩散加密的密钥。当改变初始条件，使其中一个密钥的计算复杂度达到一定程度后，整个加密系统的实时性会明显降低。事实上，置乱加密过程中使用的密钥只是为了让数字图像中的像素位置发生改变，无须考虑像素值的变化。因此，置乱过程中使用的密钥只需保证其随机性即可。本章提出了一种新的

基于混沌理论的数字图像加密算法，图 6.4 所示为该加密算法框图，该算法对密钥流发生器进行了重新设计，先利用混沌映射产生一次密钥用于置乱加密，然后对一次密钥进行随机变换得到二次密钥，用于扩散加密。这种加密方法相对于使用两次一次密钥进行加密来说安全性更高，相对于使用两次二次密钥进行加密而言又大大降低了算法的计算复杂度。

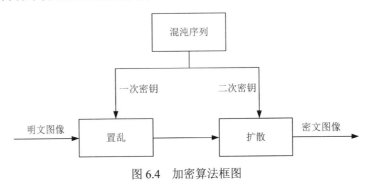

图 6.4　加密算法框图

6.3.1　密钥流发生器的设计

混沌图像加密系统的密钥流发生器通常由一种混沌映射或者多种混沌映射组成。输入合适的初值条件，混沌映射可以输出令人满意的混沌序列，将这个混沌序列作为加密算法的密钥流。

密钥流发生器作为图像加密系统的一个核心模块，其生成密钥流的优劣直接影响到算法的性能。因此，密钥流发生器的设计至关重要。本算法的密钥流发生器主要包括三部分：二维 CML、S 盒和 SMT 变换，其结构如图 6.5 所示。

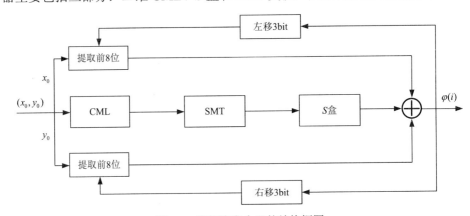

图 6.5　密钥流发生器的结构框图

工作原理：通过二维 CML 动态映射生成混沌序列，然后经过 SMT 变换将其变换到指定的值域内，利用该值域内的值在 S 盒中取值作为密钥输出。由于二维

CML 产生的混沌序列本身具有随机性，而 SMT 变换只是进行值域变换操作，并没有改变混沌序列的性质。因此，通过 S 盒取出的值也具有随机性。

如图 6.5 所示，由于 CML 产生的是一系列 $(0,1)$ 的随机数，而 S 盒中的数值对应的横、纵坐标的取值范围都是在 $(0,15)$ 之间，因此，SMT 变换的作用就是将这些 $(0,1)$ 之间的随机数变换到对应的 $(0,15)$ 之间的坐标值。SMT 变换可以通过一个矩阵变换实现，即

$$\begin{cases} x' = ax + by \\ y' = bx + ay \end{cases} \tag{6.6}$$

式（6.6）也可以写成矩阵乘法的形式，即

$$\begin{vmatrix} x' \\ y' \end{vmatrix} = \begin{vmatrix} a & b \\ b & a \end{vmatrix}\begin{vmatrix} x \\ y \end{vmatrix} \tag{6.7}$$

其中，变换矩阵 $A = \begin{bmatrix} a & b \\ b & a \end{bmatrix}$，$a$、$b$ 满足 $a + b = 15$。

6.3.2　二次密钥流的生成

以下为二次密钥流的生成步骤。

步骤 1　给定一组初始值 (x_0, y_0)，$x_0, y_0 \in (0,1]$，CML 输出 (x, y)。

步骤 2　用 SMT 变换将 (x, y) 的初始区间 $(0,1]$ 变换到指定区间，即 SMT 的输出 $x', y' \in (0,15]$，变换矩阵 $A = \begin{bmatrix} 2 & 1 \\ 1 & 2 \end{bmatrix}$，则 $\begin{bmatrix} x' \\ y' \end{bmatrix} = 5A \cdot \begin{bmatrix} x \\ y \end{bmatrix}$。

步骤 3　取 x'、y' 的下限作为 SMT 的输出，即 $\mathrm{floor}(x')$、$\mathrm{floor}(y')$，将其作为初始密钥流。

步骤 4　分别提取 x_0、y_0 的前 8 位，记为 x_{1_b}、y_{1_b}，令 $c_1 = \mathrm{floor}(x')$、$d_1 = \mathrm{floor}(y')$，则 $\varphi(1) = \mathrm{SBox}(c_1, d_1) \oplus x_{1\_b} \oplus y_{1\_b}$。

步骤 5　从第二列开始，x_{i_b}、$y_{i\_b}(i = 2,3,\cdots,n)$ 分别是前一个密钥的输出左移 3bit、右移 3bit 得到，则最终密钥流 $\varphi(i) = \mathrm{SBox}(c_i, d_i) \oplus x_{i\_b} \oplus y_{i\_b}$。

6.3.3　置乱加密

通过对数字图像的像素矩阵进行有限次初等矩阵变换，让像素的位置按照规定的方式变化。传统的置乱方法有很多种，包括 Arnold 映射、Baker 映射、Magic 映射等。本章结合 Arnold 映射和循环移位进行置乱加密。该方法还巧妙地运用了循环移位和数字图像大小之间的关系进行区间内的变换。

例如，数字图像的大小为 $M \times N$，其像素矩阵如式（6.8）所示，混沌序列 $(r_1, r_2, \cdots, r_M)$，$[r_i \in (0,1)]$ 为移位序列，移位序列有 M 个数值，因此是对像素矩阵进

行行移位，现在将其乘以像素的列数，即 $(r_1', r_2', \cdots, r_M') = N \cdot (r_1, r_2, \cdots, r_M)$，使得序列的每个数值 $r_i' \in (0, N)$，最后对 $(r_1', r_2', \cdots, r_M')$ 进行取整操作，即可完成像素矩阵的行循环移位操作。

$$H_{M \times N} = \begin{bmatrix} p_{1,1} & p_{1,2} & \cdots & p_{1,N} \\ p_{2,1} & p_{2,2} & \cdots & p_{2,N} \\ \vdots & p_{i,j} & \vdots & \vdots \\ p_{M,1} & p_{M,2} & \cdots & p_{M,N} \end{bmatrix} \tag{6.8}$$

假设输入为一个大小为 $M \times N$ 的灰度图像，用 CML 产生的一组密钥流，即 $(x_i, y_i)(i \in \max\{M, N\})$，作为循环移位的密钥。对于 x_i，取 $i = M$，$x_1, x_2, \cdots, x_M$ 组成一个一维数组 $(x_1, x_2, \cdots, x_M)$，然后对这个一维数组的数值进行 E-R 处理，即扩值取整，用 Rshift 对该灰度图像像素矩阵的行进行移位，即

$$\text{Rshift} = \text{floor}[N \cdot (x_1, x_2, \cdots, x_M)] \tag{6.9}$$

移位规则如下：数组 Rshift 的第一个参数控制图像像素矩阵的第一行右移的位数，第二个参数控制图像像素矩阵的第二行右移的位数，依此类推。

同理，对于 y_i，取 $i = N$，$y_1, y_2, \cdots, y_N$ 组成一个一维数组 $(y_1, y_2, \cdots, y_N)$，对其数值进行 E-R 处理，用 Cshift 对该灰度图像像素矩阵的列进行移位，即

$$\text{Cshift} = \text{floor}[M \cdot (y_1, y_2, \cdots, y_N)] \tag{6.10}$$

6.3.4 扩散加密

通过混沌映射生成的混沌序列由于对初始值极为敏感，且只与系统自身设置的参数有关，因此可以利用混沌序列对明文片段进行加密，然后利用扩散函数使其扩散到整个密文。扩散加密是对置乱加密的补充，很好地弥补了置乱加密无法改变明文统计特性不足的缺点，提高了加密算法的抗选择明文攻击能力和抗统计分析攻击能力。

置乱加密仅对数字图像的像素矩阵进行操作，并没有改变像素矩阵的结构。因此，经过置乱后的加密图像大小并没有改变，还是 $M \times N$ 的图像。对置乱后的图像进行扩散加密，扩散加密流程框图如图 6.6 所示。

首先对图像进行分块处理，本章采用对图像像素进行列分块的方式进行处理。令置乱后第 $i(i = 1, 2, \cdots, N)$ 列的像素值为 $P_i(j)$ （$j = 1, 2, \cdots, M$），扩散后的像素值为 $C_i(j)$，前一个扩散的像素值为 $C_i(j-1)$。具体编码过程如下。

步骤 1 取出二次密钥流，将其与数字图像像素的第 1 列进行异或，即

$$C_1(j) = \varphi(i) \oplus P_1(j) \tag{6.11}$$

步骤 2 第 2 列采用同样的方式编码，即 $C_2'(j) = \varphi(i) \oplus P_2(j)$，然后用第 1 列的密文与第 2 列进行异或，即

$$C_2(j) = C_2'(j) \oplus C_1(j) \tag{6.12}$$

步骤 3 同理，每一列像素值与密钥流进行异或后再与前一列密文进行异或，即

$$C_i(j) = C_i'(j) \oplus C_{i-1}(j) \qquad i = 2, 3, \cdots, n \tag{6.13}$$

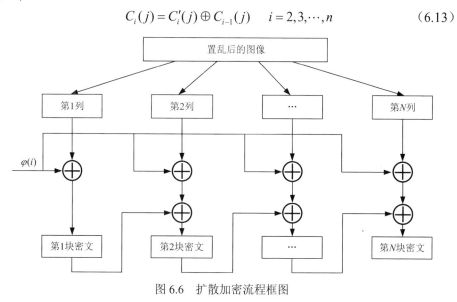

图 6.6 扩散加密流程框图

步骤 4 当所有的明文块加密结束时，代表加密过程完毕，输出密文，如图 6.7 所示。

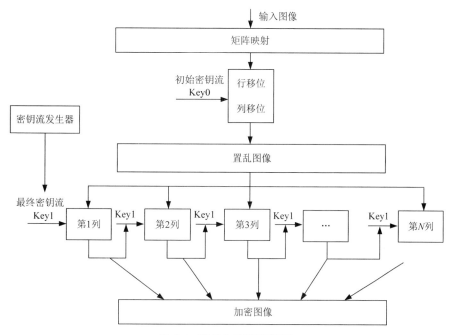

图 6.7 整体加密流程框图

解密过程与加密过程类似，首先对加密图像进行扩散加密的逆运算，然后对扩散后图像像素的位置进行反向循环移位操作，即可解密出原始图像。

6.4 理论分析及实验仿真

通过 MATLAB 对本章所提的算法进行实验仿真，输入大小为 256×256 像素的 lena 灰度图像。表 6.2 所示为该算法设置的仿真环境参数。

表 6.2 算法仿真环境参数

参数	注释	参数值
G	网格大小	300×300
γ_1	密钥算法初始值	0.27
γ_2	密钥算法初始值	0.8370
p	密钥算法初始值	0.7
α	密钥算法初始值	3.99973
ε	CML 的耦合强度	0.997
a	变换矩阵元素	2
b	变换矩阵元素	1
A	变换矩阵权值	5
N	像素相关性所取像素个数	5000

6.4.1 密钥空间分析

一种图像加密算法密钥空间的大小代表该算法可用于加密的不同密钥总个数。本章算法密钥系统有四个初始值，分别为 γ_1、γ_2、$p \in (0,1)$，$\alpha \in (3.57,4)$。根据 IEEE 754 标准规定，64 位双精度数的精确度可以达到 10^{-15}，即加密算法每个密钥都可以增加 10^{15} 的密钥空间，则该算法的密钥空间大小约为 $10^{15} \times 10^{15} \times 10^{15} \times 10^{15} \approx 2^{197}$。可以看出，该密钥空间能够很好地抵抗暴力攻击。

6.4.2 信源熵分析

首先输入三幅不同的图像，然后用本章加密算法、Wang 和 Zhang[3] 的算法，以及 Liu 等[5] 的算法分别对每一幅图像进行加密，得到各自算法的加密图像的信源熵。本章加密算法与其他两种算法密文信源熵比较如表 6.3 所示，很明显，通过本章算法加密得到的加密图像的信源熵要比其他两种算法的更趋近于 8，说明利用本章算法加密使得加密图像像素的分布更加均匀。从信息安全的角度分析，本章算法更安全。

表 6.3　本章加密算法与其他两种算法密文信源熵比较

图像	明文图像	本章算法	Wang 和 Zhang 的算法	Liu 等的算法
		密文图像	密文图像	密文图像
lena	7.4532	7.9843	7.6438	7.5988
rice	5.7596	7.9895	7.8756	7.8341
barbara	7.5838	7.9890	7.7761	7.8002

6.4.3　直方图分析

通过直方图分析可以很直观地看出一幅图像中各个灰度级的分布情况。由于本章加密算法采用了二次密钥进行加密，两次密钥加密所得到的直方图肯定不一样。因此，本章分别对原图像、一次加密图像以及二次加密图像的直方图进行仿真分析，如图 6.8 所示。直方图显示表明，加密前图像的直方图呈不规则变化，表示原始图像的灰度值分布不均匀，容易遭受外界的统计攻击；而经过一次加密和二次加密后图像的直方图均基本呈统一分布，这说明经过加密的图像不能为非法用户提供有效的信息，从而可以有效地抵抗外界的统计攻击。

（a）原图像

（b）原图像的直方图

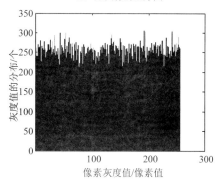

（c）一次加密图像

（d）一次加密图像的直方图

图 6.8　原图像和加密图像的直方图

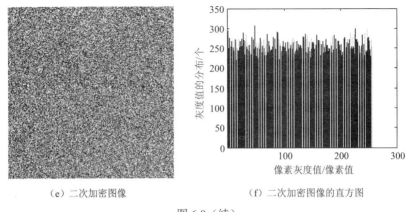

（e）二次加密图像　　　　　　　　　　（f）二次加密图像的直方图

图 6.8（续）

6.4.4　相邻像素相关性分析

像素相关性是指相邻像素的相关性，对于像素而言，包括三个相邻位置，即水平方向、垂直方向和对角线方向。本章选取图像中 3000 个像素点，分别测试原图像和加密图像的水平、垂直及对角线的相邻像素的相关性，仿真结果如图 6.9 所示。

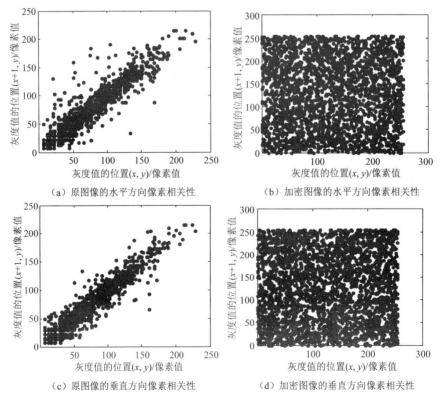

（a）原图像的水平方向像素相关性　　　　　　（b）加密图像的水平方向像素相关性

（c）原图像的垂直方向像素相关性　　　　　　（d）加密图像的垂直方向像素相关性

图 6.9　相邻像素相关性

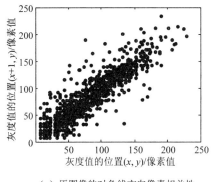

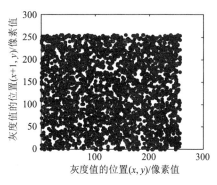

（e）原图像的对角线方向像素相关性　　　　（f）加密图像的对角线方向像素相关性

图 6.9（续）

表 6.4 给出了本章算法原图像和加密图像三个方向的相关性系数。

表 6.4　原图像和加密图像的相关性系数

方向	原图像	加密图像
水平	0.9642	−0.02023
垂直	0.9309	0.00933
对角线	0.9061	−0.00586

6.4.5　差分攻击分析

通过本章算法、Wang 和 Zhang 的算法、Liu 等的算法分别对加密图像计算 NPCR 和 UACI 值，其仿真结果如表 6.5 所示。可以看出，本章算法经过一轮加密就基本可以达到较为理想的效果，两轮迭代之后可以保证 NPCR>99.6，UACI>33.4，而要得到同样的效果，其他两种算法至少要迭代两次才能实现。因此，本章算法具有较好的抵抗明文攻击能力。

表 6.5　本章算法和其他两种算法的 NPCR 和 UACI 值

算法	第一轮		第二轮	
	NPCR	UACI	NPCR	UACI
本章算法	99.3982	32.4453	99.6264	33.4086
Wang和Zhang的算法	99.3046	32.2430	99.6135	33.3104
Liu等的算法	46.6524	17.1732	99.4036	33.4023

6.4.6　密钥敏感性分析

一个好的加密算法既要对明文敏感，也要对密钥敏感。换句话说，就是原始图像经过密钥加密后得到密文图像，若解密密文图像时使用的解密密钥与加密密钥有细微的差别，都无法正确解密出明文图像。本章进行密钥敏感性分析时，通过改变初始值条件，即产生加密密钥的初始条件为 $\gamma_1 = 0.27$、$\gamma_2 = 0.8370$，解密密钥的初始条件为 $\gamma_1 = 0.27$、$\gamma_2 = 0.8370000000000001$，此密钥无法正确解密出原始图像。密钥敏感性测试结果如图 6.10 所示。很明显，本章算法对密钥具有很高的敏感性。

（a）正确解密图像　　　　　　　　　　　　　（b）错误解密图像

图 6.10　密钥敏感性测试结果

小　　结

本章主要介绍了一种新的基于二次密钥的快速图像加密算法。首先介绍了本章算法中最重要的一个模块，即密钥流发生器，并详细说明了其具体的构造与组成；然后通过密钥流发生器生成的初始密钥流和二次密钥流分别作为置乱加密和扩散加密过程的密钥流，并给出详细的加密流程和加密步骤；最后对本章加密算法进行了理论分析和实验仿真，通过对密钥空间、直方图、相邻像素相关性和差分攻击等指标的具体分析以及本章算法和其他算法的对比分析，验证了本章算法具有较高的安全性。

参 考 文 献

[1] 郭祖华，王辉. 最邻近耦合映射格子耦合非线性混沌映射的图像加密算法研究[J]. 计算机应用与软件，2015，32(5): 283-287.

[2] ZHANG H, WANG X Y, WANG S W, et al. Application of coupled map lattice with parameter q, in image encryption[J]. Optics and Lasers in Engineering, 2017, 88:65-74.

[3]　WANG X Y, ZHANG H L. A novel image encryption algorithm based on genetic recombination and hyper-chaotic systems[J]. Nonlinear Dynamics, 2015, 83(1-2): 333-346.

[4]　陈宇环，易称福，张小红. 二维耦合映像格子混沌序列的二值化及特性研究[J]. 计算机应用与软件，2009，26(7)：222-224.

[5]　LIU Y, TONG X J, MA J. Image encryption algorithm based on hyper-chaotic system and dynamic S-Box[J]. Multimedia Tools and Applications, 2016, 75(13): 7739-7759.

[6]　ABHIRAM L S, SRIROOP B K, GOWRAV L, et al. FPGA implementation of dual key based AES encryption with key based S-Box generation[C]// International Conference on Computing for Sustainable Global Development. New Delhi: IEEE Press, 2015: 577-581.

[7]　TIESSEN T, KNUDSEN L R, KÖLBL S, et al. Security of the AES with a secret S-Box[J]. Lecture Notes in Computer Science, 2015, 9054: 175-189.

第7章 高位 LFSR 的设计及其在图像快速加密中的应用

当今是大数据来临的时代，越来越多的数据会在网络上进行存储和传输。众所周知，由于黑客和病毒的攻击，在信源或信道中采用明文是一种非常危险的做法，因此对数据进行加密非常重要。图像作为一种特殊的数据，对其加密算法的研究已经涌现出大量的研究成果。

7.1 背景介绍

在加密算法中，密钥是加密必不可少的因素，如果攻击者猜测出密钥，就如同猜测出银行卡密码一样，整个加密算法不攻自破。因此，如何设计出安全性能高的密钥产生器是研究者一直探索的问题[1-4]。在密钥生成算法中，采用 LFSR 生成 PRNG 进而转换成相应的密钥是一种性价比非常高的方式，文献[5]～文献[7]对其进行了深入的研究，本章在这些算法的基础上，根据所需密钥的数量对 LFSR 做了最大化估算，进而设计了相应的 LFSR，同时设计了一种替代和扩散相结合的算法用作图像的加密。

7.2 LFSR 的设计

LFSR 是生成 PRNG 最有效的方式之一，LFSR 一般由 N 个寄存器和线性反馈函数 $f(x)$ 组成，$f(x)$ 由一些位进行异或运算获得。一个 N 位的 LFSR 可以生成长度为 $2^N - 1$ 位的 PRNG。

7.2.1 LFSR 位数的估计

在本章所使用的加密算法中，每一块大小为 4×4 像素，一幅 256×256 像素的图像可分成 64×64 块，每一块需要两个取值在 0～255 的整数，每个整数用 8 个二进制位表示，假设加密轮数为 3 轮，则 LFSR 的位数 M 需要满足以下公式，即

$$2^M - 1 > 64 \times 64 \times 8 \times 2 \times 3 \tag{7.1}$$

经过数值估算，当 M 至少为 18 时，即 LFSR 的位数至少为 18 时，可满足上述不等式要求。

7.2.2　LFSR 的设计与密钥的生成

确定 LFSR 的位数为 18 后，按照 LFSR 的设计原则，设计 18 个 LFSR 和 1 个反馈函数，其结构框图如图 7.1 所示。

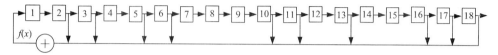

图 7.1　18 位 LFSR 结构框图

将生成的 0、1 比特流按照每 8bit 为一组，通过二进制转十进制运算得到 0~255 的数值，这些数值作为加密过程中的密钥使用。

7.3　加密算法的设计

加密算法的流程框图如图 7.2 所示。首先将图像进行分块，块大小为 4×4 像素，然后采用 LFSR 生成的密钥，对每个块使用置乱变换和替代变换，为了使算法具备扩散效应，算法采用 CBC 模式结构，具体步骤如下。

步骤 1　利用密钥生成器，采用高位 LFSR 生成密钥。

步骤 2　分块。每个块大小为 4×4 像素，每个像素用 8bit 表示。

步骤 3　扩散。对于每个图像块，将块内的每个像素值与上一块内所有的像素值进行异或运算，得到经过扩散变换后的块。

步骤 4　置乱和替代。通过密钥生成器得到两个 0~255 的整数，分别进行 1~7 位的移位运算后得到 16 个 0~255 的整数。首先将这 16 个整数进行模 7 运算，用于块内像素的移位；然后将这 16 个整数分别与块内像素进行异或；再次将块内的每个像素与该块内的所有像素进行异或达到块内扩散的目的；最后存储该块内的所有像素的异或值供下一块加密时使用。

步骤 5　对于之后的每个图像块，重复步骤 3、步骤 4 直到加密完所有的块为止。

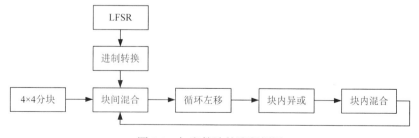

图 7.2　加密算法的流程框图

解密过程是加密过程的逆过程，即将加密的步骤顺序颠倒，在此不做赘述。

7.4　实　验　结　果

7.4.1　加密和解密实验结果

本章以 lena 灰度图像为实验样本，使用 MATLAB R2009a 软件编写程序，加密轮数为 1，LFSR 的初始值为 18 位 0、1 比特流：[0 1 1 0 1 1 0 0 0 1 1 0 1 0 0 1 1 0]。加密前后的明文图像和密文图像如图 7.3 所示。

（a）明文图像　　　　　　　　　　　　　（b）密文图像

图 7.3　加密前后的对比图像

通过观察加密图像，可以发现密文图像已经没有明文图像的任何信息，从密文图像并不能推测出任何有意义的信息。

7.4.2　加密算法性能分析

1. 统计分析

图像加密前、后的直方图对比结果如图 7.4 所示。从对比结果可以看出，加密前图像的像素值在 50、100 和 150 附近比较集中，其像素值的分布情况是存在一定规律的，而加密后图像的直方图十分均匀，每个像素值都呈现出均一化的分布，没有任何的规律可言，并且加密后的直方图与原图像的直方图差别很大。

2. 相邻像素的相关性

在图像中，一般在相邻的方向像素的相关性都比较强，呈现出线性分布状态，而好的加密算法完全可以打破像素在各个方向上的相关性，从加密前、后的图像中随机选取 1000 组水平方向、垂直方向和对角线方向上的相邻像素，计算像素间的相关性，结果如图 7.5 所示。从结果中可以看出，加密前的相关系数接近于 1，加密后的相关性分布图看不出任何相关因素，相关系数值非常低，趋近于 0。加密前、后相邻像素对的相关系数如表 7.1 所示。

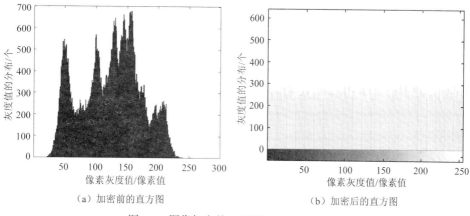

（a）加密前的直方图　　　　　　　　（b）加密后的直方图

图 7.4　图像加密前、后的直方图对比结果

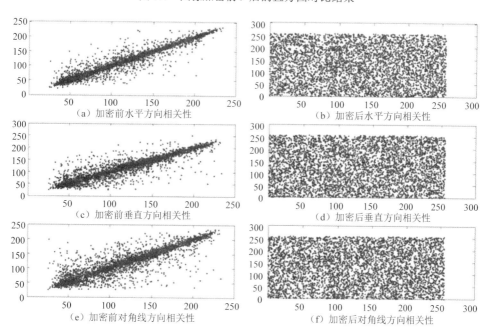

（a）加密前水平方向相关性　　　　　　（b）加密后水平方向相关性

（c）加密前垂直方向相关性　　　　　　（d）加密后垂直方向相关性

（e）加密前对角线方向相关性　　　　　（f）加密后对角线方向相关性

图 7.5　图像加密前、后各方向上像素的相关性分布[横坐标为 (x, y) 位置的像素值，
纵坐标为 $(x+1, y)$ 位置的像素值]

表 7.1　加密前、后相邻像素对的相关系数

方向	加密前	加密后
水平	0.965165	0.014391
垂直	0.930216	0.012840
对角线	0.902006	0.012068

3. 差分分析

在选择明文攻击中，攻击者修改明文图像的一个像素，通过观察加密结果的变化情况，可以找出明文图像和密文图像之间的关系。为了测试本章算法中改变明文一个像素对整个加密图像的影响，采用 NPCR 和 UACI 两个指标进行衡量。本章改变明文图像的第一个像素，从表 7.2 可以看出两个指标值非常理想。

表 7.2　NPCR 和 UACI 的测试结果

NPCR理论值	0.99609
NPCR实际值	0.99998
UACI理论值	0.33463
UACI实际值	0.33524

小　　结

实验结果表明，该加密算法所需的加密轮数少，只需要一轮即可。加密后直方图非常均匀，像素之间的相关性被破坏，NPCR 和 UACI 两个指标情况良好。本章的加密算法对多种攻击手段具备较好的抵抗性，适用于软件加密系统，而且本章算法也很容易在硬件平台上实现，应用前景良好。

参 考 文 献

[1] CHANGS M, LIM C, LIN W W. Asymptotic synchronization of robust hyper-chaotic systems and its applications[J]. Nonlinear Analysis: Real World Applications, 2009, 10(2): 869-880.

[2] ADDABBO T, ALIOTO M, FORT A, et al. A class of maximum-period nonlinear congruential generators derived from the Rényi chaotic map[J]. IEEE Transactions on Circuits and Systems, 2007, 54(4): 816-828.

[3] WANG X, QIN X. Anewpseudo-random number generator based on CML and chaotic iteration[J]. Nonlinear Dynamics, 2012, 70: 1589-1592.

[4] ZHOU Q, LIAO X. Collision-based flexible image encryption algorithm[J]. Journal of Systems and Software, 2012, 85(2): 400-407.

[5] ZHANG Y S, XIAO D, WEN W Y. Secure binary arithmetic coding based on digitalized modified logistic map and linear feedback shift register[J]. Communications in Nonlinear Science and Numerical Simulation, 2015(27): 22-29.

[6] 荆锐, 朱平, 杨恒欢, 等. 线性移位寄存器在图像加密中的应用[J]. 上海第二工业大学学报, 2011, 28(4): 293-297.

[7] CHEN S L, HWANG T T, LIN W W. Randomness enhancement using digitalized modified logistic map[J]. IEEE Transactions on Circuits and Systems, 2010, 57(12): 996-1000.

第8章 基于云环境的加密图像存储及提取方案

随着互联网和计算机技术的发展，人们的生活已经悄然进入了"云时代"。置身于"云"中，人们充分地意识到云计算的重要性，这个重要性主要体现在云计算的计算资源和存储资源两个方面。云计算的计算资源基于互联网及其分布式技术，将原本分散、各自独立的计算、存储及带宽等资源整合在一起形成资源池，以按需付费的形式分配给用户；云计算的存储资源是将云端存储的资源作为服务通过互联网提供给用户，是云计算中基础设施即服务的一种形式[1]。根据上述理论，云计算的计算资源和存储资源在提高用户的计算速度和节省资源空间方面有着至关重要的作用。

8.1 背景介绍

Wang 等[2]在安全云存储模型下的动态数据审计基础上提出了隐私保护公开审计策略，该策略能够在保证安全传输数据的前提下支持多用户同时并且高效地审计数据。Yang 和 Jia[3]提出了一种高效且安全的云存储动态审计协议，其目的也是在保证数据完整性的同时降低用户的计算开销与存储空间。安全云存储技术的提出引起了各界的广泛关注。该技术解决了传统的用户之间交互数据时常遇到的本地内存不足的问题，通过在交互数据前对数据进行加密，然后发送加密数据到云服务器，再利用三方审计验证云服务器的加密数据的完整性，最后根据需要从云服务器提取解密数据。采用安全云存储技术不仅大大降低了本地用户的计算成本，而且很大程度地节省了本地用户的存储空间。

8.2 安全云存储模型设计

传统的安全云存储系统包括两个实体，即用户和云服务器，如图 8.1 所示。事实上，用户这个实体可以是一个个体用户，也可以是一个公司或者一个组织，而云服务器可以是任何一个云服务提供商，如 Amazon S3、Dropbox、Google Drive等。一个安全的云存储系统，其核心思想是用户将需要存储的大量数据外包给云服务器，然后周期性地向云服务器发送一个审计信息来验证外包数据的完整性；云服务器通过对该审计信息进行确认，返还给用户一个证明；最后用户通过判断该证明是否有效，从而确定外包数据的完整性。

图 8.1　安全云存储系统模型

正如 Juels 和 Yu 等在文献[4]和文献[5]中介绍的,云存储系统模型中的云服务器是一个潜在恶意云。本章假设云存储系统中用户和云服务器之间的通信是经过授权的,这可以用标准的技术来实现。因此,在用户与云服务器之间进行数据交互时,只需考虑用户和云服务器即可,不需考虑两者之间的通信情况。

一个安全的云存储系统,用户验证外包数据完整性的同时,还需考虑以下几点。

1)正确性。如果云服务器确实已经存储了完整的外包数据,那么云服务器应该可以向用户证明外包数据是完整的。

2)安全性。如果用户数据由于受到外界攻击导致数据损坏,那么即使云服务器试图掩盖真相,用户也可以以很高的概率通过审计查询信息发现数据遭受了攻击。

3)效率。算法的计算开销、存储开销以及用户和云服务器之间的通信开销应该尽可能地小。

8.2.1　三方审计模型

传统的云存储系统,用户检测外包数据的完整性是基于两方存储审计协议的。然而,在云服务器端或是在用户端产生审计查询都是不合适的,因为它们二者都不能保证可以提供公正的审计结果。这种情况下,在云存储中利用三方审计就成为一个最佳的选择。一个好的三方审计是通过它的审计效率和是否能保证云服务器和数据用户正确交互来衡量的[6]。

1. 审计模型

对于三方审计,已经有很多专家学者提出相关理论,总结起来可以概括为三点:①保密性,即审计协议应该保证用户数据对三方审计保密;②动态审计,即审计协议应该支持数据在云端动态更新;③批量审计,即审计协议应该允许多用户多云服务器进行批量审计。三方审计模型如图 8.2 所示[7]。

三方审计模型包括三个实体:数据用户、云服务器和三方审计。数据用户生成数据并将该数据外包给云服务器,云服务器存储用户数据并为用户提供随时提取数据服务三方审计为数据用户和云服务器提供数据存储审计服务。审计的目的是验证数据用户外包给云服务器的数据是否完整,因为如果外包给云服务器的数据不完整，那么用户再提取该数据也就完全没有意义；同时，三方审计作为一个独立的实体，可以减轻云服务器和本地用户的压力。

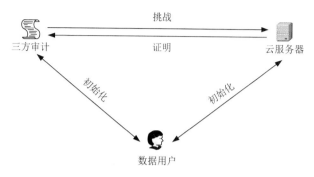

图 8.2　三方审计模型

2. 审计协议

云存储中三方审计是通过三方审计协议实现的，该三方审计算法符号及定义如表 8.1 所示。

表 8.1　审计算法符号及定义

符号	定义
sk_h	Hash 密钥
sk_t	标签密钥
pk_t	标签公钥
Mesg	数据块
T	数据标签集
n	分块数
$Mesg_{info}$	Mesg 的抽象信息
ϑ	三方审计生成的挑战
P	云服务器生成的证明
ν	审计确认信息

云存储三方审计协议一般包含以下五部分[8]。

1）$KeyGen(\kappa) \to (sk_h, sk_t, pk_t)$：该密钥生成算法以隐式安全参数 κ 作为输入，输出一个 Hash 密钥 sk_h 和一对标签密钥-公钥对 (sk_t, pk_t)。

2）$TagGen(Mesg, sk_t, sk_h) \to T$：该标签生成算法以加密数据块 Mesg、标签密钥 sk_t 以及 Hash 密钥 sk_h 作为输入，分块后的每一块数据 m_i，通过输入密钥计算其标签 t_i，该算法输出一个数据标签集 $T = \{t_i\}_{i \in [1,n]}$。

3）$Chal(Mesg_{info}) \to \vartheta$：三方审计运行挑战算法，该算法以数据块的抽象信

息 $\text{Mesg}_{\text{info}}$ 作为输入，生成一个挑战 ϑ。

4）$\text{Pro}(\text{Mesg}, T, \vartheta) \rightarrow P$：云服务器运行证明算法，该算法以数据块 Mesg、标签 T 以及挑战 ϑ 作为输入，输出一个证明信息 P。

5）$\text{Verify}(\text{sk}_{\text{h}}, \text{pk}_{\text{t}}, \text{Mesg}_{\text{info}}, \vartheta, P) \rightarrow v$：该验证算法以 Hash 密钥 sk_{h}、标签公钥 pk_{t}、数据块的抽象信息 $\text{Mesg}_{\text{info}}$ 以及从服务器接收到的证明作为输入，输出审计结果为 0 或 1。

8.2.2 相关算法介绍

1. 基本定义

定义 1：G 为一个群，若 G 中存在一个元素 g，对于属于 G 的任意 x，都存在整数 k，使得 $x = g^k$ 成立，则称 G 为 g 生成的循环群，g 为群的生成元。若存在最小正整数 n，使得 $e = g^n$，称 n 为生成元的阶。

定义 2：设 G_1、G_2、G_T 为阶数为 p 的乘法循环群，g_1、g_2 分别为 G_1、G_2 的生成元，则有以下三个性质。

1）若存在双线性映射 $e: G_1 \times G_2 \rightarrow G_T$，则对于所有的 $u \in G_1$，$v \in G_2$，$a, b \in Z_p$，有

$$e(u^a, v^b) = e(u, v)^{ab} \tag{8.1}$$

2）对于任意的 $u_1, u_2 \in G_1$，$v \in G_2$，有

$$e(u_1 \cdot u_2, v) = e(u_1, v) \cdot e(u_2, v) \tag{8.2}$$

3）生成元 g_1、g_2 之间满足

$$e(g_1, g_2) \neq 1 \tag{8.3}$$

2. 相关算法

（1）Yang 和 Jia 的算法

Yang 和 Jia[3]的算法的基本思想是用户将数据块 Mesg 进行二次分块，即先将 Mesg 分成 m 块，记为 $\text{Mesg}_i (i = 1, 2, \cdots, m)$，再将 Mesg_i 分成 k 块，记为 $\text{Mesg}_{ij}(j = 1, 2, \cdots, k)$。利用标签生成算法为每个数据块生成一个对应的标签 t_i，将数据块和标签一起外包给云服务器；三方审计随机选择有限个数据块，通过挑战算法生成挑战信息发送给云，云根据挑战信息运行证明算法输出一个证明发送给三方审计；最后三方审计以证明信息作为输入运行验证算法，输出一个二进制数判断外包数据的完整性。

该算法的安全云存储协议具体步骤如下。

步骤 1 $\text{KeyGen}(\kappa) \rightarrow (\text{pk}_{\text{t}}, \text{sk}_{\text{t}}, \text{sk}_{\text{h}})$：此密钥生成算法以隐式安全参数 κ 作为输入，输出标签公钥 pk_{t}、标签密钥 sk_{t} 和 Hash 密钥 sk_{h}。其中，sk_{t}、sk_{h} 均为有限

域 Z_p 内的随机数，$\mathrm{pk_t}=g_1^{\mathrm{sk_t}}\in G_1$。

步骤 2　$\mathrm{TagGen(Mesg,sk_t,sk_h)}\to T$：此标签生成算法以数据块 Mesg、标签密钥 $\mathrm{sk_t}$ 和 Hash 密钥 $\mathrm{sk_h}$ 作为输入，随机生成有限域 Z_p 内的 s 个随机数 $x_1,x_2,\cdots,x_s$，并且 $u_j=g_2^{x_j}\in G_2$，$j\in[1,s]$，输出每个数据块 m_i 对应的标签 t_i，使得

$$t_i=\left(h(\mathrm{sk_h},H_i)\cdot\prod_{j=1}^{s}u_u^{m_{ij}}\right)^{\mathrm{sk_t}} \tag{8.4}$$

式中，H_i 为数据块的识别信息；$h()$ 代表 Hash 函数。最后输出标签 $T=\{t_i\}$。

步骤 3　$\mathrm{Chal(Mesg_{info})}\to\vartheta$：该挑战生成算法以数据块的抽象信息作为输入，随机选择有限个数据块 m_i，对应每一块生成一个随机数 v_i，然后计算挑战集 $R=(\mathrm{pk_t})^r$，其中 r 是有限域 Z_p 内的一个随机数，输出挑战 $\vartheta=\{(i,v_i),R\}$。

步骤 4　$\mathrm{Pro(Mesg},T,\vartheta)\to P$：此证明生成算法以数据块 Mesg、标签 T 和挑战 ϑ 作为输入，输出证明包括两部分，即标签证明 P_{tag} 和数据证明 P_{data}，即

$$P_{\mathrm{tag}}=\prod_{i=1}^{m}t_i^{v_i} \tag{8.5}$$

$$P_{\mathrm{data}}=\prod_{j=1}^{s}e(u_j,R)^{M_j} \tag{8.6}$$

式中，$M_j=\sum_{i=1}^{m}v_i\cdot m_{ij}$ 为所有挑战数据块的线性组合，则输出的证明信息为 $P=(P_{\mathrm{tag}},P_{\mathrm{data}})$。

步骤 5　$\mathrm{Verify(sk_h,pk_t,Mesg_{info}},\vartheta,P)\to v$：该验证算法以 Hash 密钥 $\mathrm{sk_h}$、标签公钥 $\mathrm{pk_t}$、数据块的抽象信息 $\mathrm{Mesg_{info}}$、挑战信息 ϑ 以及证明信息 P 作为输入，首先计算所有挑战数据块的 Hash 值，如式（8.7）所示，然后通过式（8.8）验证服务器的发送证明是否正确，即

$$H_{\mathrm{chal}}=\prod_{i=1}^{m}h(\mathrm{sk_h},H_i)^{r\cdot v_i} \tag{8.7}$$

$$P_{\mathrm{data}}\cdot e(H_{\mathrm{chal}},\mathrm{pk_t})=e(P_{\mathrm{tag}},g_1^r) \tag{8.8}$$

如果式（8.8）成立，输出 1，代表数据完整性验证通过；反之，则输出 0，代表数据完整性验证失败。

（2）Shen 等的算法

Shen 等[6]的算法的基本思想是用户先将数据 Mesg 分成 n 块，每一块数据 m_i 通过一个随机数将其致盲，为每一块致盲后的数据生成一个伪认证信息，然后将致盲数据和伪认证信息一起发送给云服务器；云服务器接收到数据后首先验证伪认证信息的正确性，如果伪认证信息正确，则云服务器计算出真实的认证信息，并将其存储到云端；然后三方审计生成一个挑战信息向云服务器发起挑战，云服务器接收到挑战信息后运行证明算法，产生一个证明信息发送给三方审计；最后三

方审计根据证明信息验证外包数据的完整性。

该算法的安全云存储协议的具体步骤如下。

步骤 1　KeyGen$(\kappa) \to (\mathrm{sk}, \mathrm{pk})$：该密钥生成算法生成一个随机数 $x \in Z_p$ 作为密钥 sk，公钥为 pk $= (g_1^x, g_2^x)$。

步骤 2　DataBlind(Mesg) $\to$ Mesg$'$：用户为每一个数据块 m_i 生成一个随机数 $r_i \in Z_p$，然后将其附加在 m_i 后面得到致盲数据 m_i'，最后发送致盲数据 Mesg$' = \{m_i'\}_{i \in [1,n]}$ 到云服务器。

步骤 3　AuthGen(sk, Mesg) $\to A'$：为每一个致盲数据 m_i' 生成一个伪认证信息 $\tau_i' = [H(i) \cdot g_2^{m_i'}]^x$，令 $A' = \{\tau_i'\}_{i \in [1,n]}$，然后用户将带伪认证信息的致盲数据 $\{\mathrm{Mesg}, A', \{r_i\}\}$ 一起发送给云服务器。

步骤 4　AuthVerify(pk, Mesg, A') $\to \gamma$：云服务器接收到伪认证信息后，首先通过式（8.9）验证伪认证信息是否正确，如果式（8.9）成立，通知用户认证信息正确；反之则通知错误。

$$e(\tau_i', g_1) = e[H(i) \cdot g_2^{m_i'}, g_1^x] \tag{8.9}$$

若式（8.9）成立，则云服务器需要计算真实的认证信息，如式（8.10）所示，并存储真实的认证信息 $A = \{\{\tau_i\}_{i \in [1,n]}\}$。

$$\tau_i = \tau_i' \cdot (g_2^x)^{-r_i} \tag{8.10}$$

步骤 5　Chal(Mesg$_{\mathrm{info}}$) $\to \vartheta$：三方审计随机选择有限个数据块 $m_i[i \in (1,n)]$，然后对随机抽取的各个数据块分别生成一个对应的随机数 $v_i \in Z_p$，最后输出挑战信息 $\vartheta = \{i, v_i\}$ 发送到云服务器。

步骤 6　Pro(Mesg, A, ϑ) $\to P$：云服务器首先计算 $\rho = \sum_{i \in [1,n]} m_i v_i$ 和总体的真实认证信息 $\tau = \prod_{i \in [1,n]} \tau_i^{v_i}$，然后输出证明信息 $P = \{\rho, \tau\}$ 发送到三方审计。

步骤 7　Verify(pk, ϑ, P) $\to v$：三方审计接收到证明信息后，可利用式（8.11）判断外包数据的完整性。

$$e(\tau, g_1) = e\left(\prod_{i \in [1,n]} H(i)^{v_i} \cdot g_2^{\rho}, g_1^x\right) \tag{8.11}$$

若式（8.11）成立，输出 1，表示数据完整性验证通过；反之，输出 0，表示数据完整性验证失败。

（3）Chen 等的算法

Chen 等[9]的算法的基本思想是将用户作为一个发送者，云服务器作为网络上的一个路由设备。当用户需要将数据块 Mesg 外包给云服务器时，首先将 Mesg 分成若干个包，即分块，由于分块后的数据在网络上传输的路径可能不一样，导致每一块到达云服务器的时间不一样，因此用户在每一块后面添加一个标签信息，用来重新线性组合云服务器接收到的数据；然后将数据块的索引信息 i_j 和审计系数 c_j 作为审计查询向云发起挑战，云通过挑战信息生成一个证明信息 P 发送给用户，用户根据接收到的证明信息、查询信息及密钥运行验证算法验证外包数据是否完整。

该算法的安全云存储协议的具体步骤如下。

步骤 1　$\mathrm{KeyGen}(\kappa) \to (\mathrm{sk},\mathrm{pk})$：用户生成两个随机的素数 p、q，令 $H = pq$，然后用户生成 $m+n$ 个与 H 互质的素数，即 $a,a_1,a_2,\cdots,a_n,b_1,b_2,\cdots,b_m$，则输出密钥为 $\mathrm{sk} = (p,q)$，公钥为 $\mathrm{pk} = (H,e,a,a_1,a_2,\cdots,a_n,b_1,b_2,\cdots,b_m)$。其中，$e$ 为数据块的长度。

步骤 2　$\mathrm{TagGen}(\mathrm{Mesg},\mathrm{sk},\mathrm{pk}) \to \mathrm{Mesg}'$：用户将 Mesg 分成 m 块，即 $v_i(i = 1, 2,\cdots,m)$，然后生成一个随机数 s，计算 $x^e = a^s \cdot \left(\prod_{j=1}^{n} a_j^{v_j}\right) \cdot b_i \bmod H$，则标签信息为 $t_i = (s,x)$。

步骤 3　$\mathrm{Chal}(\mathrm{sk},\mathrm{pk}) \to \vartheta$：用户运行生成挑战算法，输出每一个数据块的索引信息 i_j 和附加标签后的数据块的查询信息 c_j。其中，$i_j \in [1,m]$，$j \in [1,l]$，l 是审计查询的长度，则输出的挑战信息为 $\vartheta = (i_j,c_j)$。

步骤 4　$\mathrm{Pro}(\vartheta,\mathrm{Mesg}') \to P$：云接收到挑战信息后，首先找出标签信息 (s_{i_j},x_{i_j})，然后计算 $s = \sum_{j \in [1,l]} c_j s_{i_j} \bmod e$、$s' = \left(\sum_{j \in [1,l]} c_j s_{i_j} - s\right)\bigg/e$，最后根据数据块的索引信息得到对应的码字信息 u_{i_j}，计算 $w = \sum_{j \in [1,l]} c_j u_{i_j} \bmod e$，$w' = \left(\sum_{j \in [1,l]} c_j u_{i_j} - w\right)\bigg/e$，求得式（8.12），即

$$\varsigma = \frac{\prod_{j \in [1,l]} x_{i_j}^{c_j}}{a^{s'} \cdot \prod_{j \in [1,l]} a_j^{(w_j)'} \prod_{j \in [1,l]} b_j^{(w_{n+j})'}} \tag{8.12}$$

云服务器提取 w 的前 n 个数作为向量 $\boldsymbol{y}$，此时外包数据的标签信息为 $t = (s,\varsigma)$。则输出的证明信息为 $P = (\boldsymbol{y},t)$。

步骤 5　$\mathrm{Verify}(\vartheta,\mathrm{sk},\mathrm{pk},P) \to v$：用户收到云服务器发送过来的证明信息后，重新构造向量 $\boldsymbol{w}$，$\boldsymbol{w}$ 的前 n 个数与 $\boldsymbol{y}$ 的前 n 个数相同，$n+1$ 到 $n+i_j$ 个数为 c_j，其他数均为 0。计算式（8.13）是否成立，若成立则输出 1，代表数据完整性验证通过；反之输出 0，代表数据完整性验证不通过。

$$\varsigma^e = a^s \cdot \left(\prod_i a_i^{w_j}\right) \cdot \left(\prod_j b_j^{w_{n+j}}\right) \bmod H \tag{8.13}$$

8.2.3　改进模型及算法设计

由于在实际应用中，不可能只有本地用户提取云服务器的外包数据，非本地

用户也会根据实际需要提取该外包数据[10]。本章在上述模型的基础上，增加了一个实体，即授权用户，若授权用户想要获取云服务器的本地外包数据，必须主动向本地用户请求授权，经本地用户授权后才能向云服务器发出请求获取数据。出于安全性的考虑，当提取云服务器的加密数据是本地用户时，保持云服务器的加密数据不变；当提取云服务器的加密数据是授权用户时，本地用户重新生成新的密钥对数据进行加密，然后将新的加密数据外包给云。改进后的三方审计及数据提取模型的整体流程如图 8.3 所示。

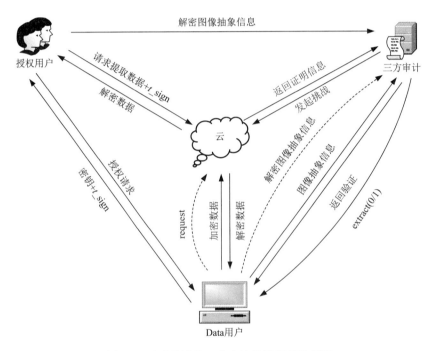

图 8.3　改进算法的三方审计及数据提取模型

1. 安全模型

假定三方审计是诚实的，并且只对接收数据感兴趣，那么在三方审计过程中，由于云服务器可能是恶意云，因此，在审计过程中可能会受到以下三种攻击。

1）替换攻击（replace attack）。云服务器可能会选择另一对有效的数据块和标签对 (m_k, t_k) 代替挑战的数据块和标签对 (m_i, t_i)。

2）伪造攻击（forge attack）。对于不同的版本数据，如果数据用户的标签密钥被云服务器拒绝，则云服务器可能会伪造数据块的数据标签并且欺骗三方审计。

3）重放攻击（replay attack）。云服务器在没有恢复用户真实数据的情况下就可能会根据前一个证明或者其他信息产生一个新的证明。

2. 改进三方审计算法

本章算法采用图像数据，根据第 6 章介绍的二次密钥加密的图像加密算法，将加密后的图像 Mesg 分成 n 块，记为 $\text{Mesg} = (m_1, m_2, \cdots, m_n)$，其中 $m_i \in Z_p$，$i \in I, I = [1, n]$，数据用户可以根据需要随意更改分块后数据的顺序。出于安全性的考虑，数据块的大小应该由安全控制参数决定。例如，将安全级数设置成 10bit，那么每一块的大小就是 10bit，一幅 50Kbit 的图像将会被划分成 5000 块。

改进算法的具体步骤如下。

1）$\text{KeyGen}(\kappa) \to (\text{pk}_t, \text{sk}_t, \text{sk}_h)$。该密钥生成算法以隐式安全参数 κ 作为唯一的输入参数，输出标签公钥 pk_t、标签密钥 sk_t 和 Hash 密钥 sk_h。其中，$\text{pk}_t = (g^x, u^x)$，$x \in Z_p$ 是一个随机数，$\text{sk}_t = y_{\text{tag}}$，$y_{\text{tag}}$ 和 sk_h 均是随机的素数。然后找到一个随机数 s，使得

$$x^e = y_{\text{tag}}^s \prod_{i \in I} y_{\text{tag}_i}^{m_i} \tag{8.14}$$

式中，e 为素数；m_i 为数据块。

2）$\text{TagGen}(\text{Mesg}, \text{sk}_t, \text{sk}_h) \to T$。由于加密图像分块后外包给云服务器，云服务器需要对分块数据进行重组，出于安全性的考虑，数据用户为每一块数据产生一个对应的数据标签 $t_i = u^{\text{sk}_t} \in Z_p$，总的数据标签记为 $T = \{t_i\}_{i \in [1,n]}$，然后将数据标签附加在对应下标的数据块上，也叫数据致盲，记为 $m_i' = m_i + t_i$，云服务器接收到的最终数据为 $\text{Mesg}' = \{m_i'\}_{i \in [1,n]}$。

同时，由于数据外包给云服务器后，还需要验证该外包数据的完整性，因此还需记录外包数据的带标签的认证信息，也叫伪认证信息，记为

$$\rho_i' = [H(\text{sk}_h, R_i) \cdot u^{m_i'}]^x \cdot g^{s \cdot x} \prod_{i \in I} g_{\text{tag}_i}^x \tag{8.15}$$

式中，$R_i = \text{FID} \| i$，FID 为识别文件的标识信息，"$\|$"为串联标志。

3）$\text{Chal}(\text{Mesg}_{\text{info}}, \text{pk}_t) \to \vartheta$。当数据用户将数据外包给云服务器后，三方审计以加密图像的抽象信息 $\text{Mesg}_{\text{info}}$ 作为输入运行挑战算法，生成一个挑战信息 $\vartheta = \{(i, v_i), Q\}$ 向云服务器发起挑战。其中，v_i 为外包数据每块对应产生的随机数，$Q = \text{pk}_t^q$ 是一个挑战集，$q \in Z_p$ 是一个随机数。

4）$\text{Pro}(\text{Mesg}, T, \vartheta) \to P$。云服务器收到数据用户发起的挑战 ϑ 后，对该挑战做出响应。先计算外包数据每一块的去标签认证信息，如式（8.16）所示，则真实认证信息 ρ 为式（8.17）。然后计算 $\omega = q \sum_{i \in I} m_i v_i$，$\varepsilon = sq \sum_{i \in I} v_i$，$\tau = \prod_{i \in I} \prod_{i \in I} y_{\text{tag}_i}^{q v_i}$，则云服务器返还给三方审计的证明信息为 $P = (\rho, \omega, \varepsilon, \tau)$。

$$\rho_i = \rho_i' \cdot (u^x)^{-t_i} \tag{8.16}$$

$$\rho = \prod_{i \in I} \rho_i^{q v_i} \tag{8.17}$$

5）$Verify(sk_h, pk_t, Mesg_{info}, \vartheta, P) \to \nu(0/1)$。三方审计收到云服务器返还的证明信息后，即可验证审计证明的正确性，只需验证式（8.18）是否成立，即

$$e(\rho, g) = e\left[\prod_{i \in I} H(sk_h, R_i)^{qv_i} \cdot u^{\omega} \cdot g^{\varepsilon} \cdot \tau, g^x\right] \tag{8.18}$$

若式（8.18）成立，输出 0，表示存储在云服务器的外包数据完整；否则输出 1，代表存储在云服务器的外包数据不完整。上述公式的正确性证明如下：

$$
\begin{aligned}
e(\rho, g) &= e\left(\prod_{i \in I} \rho_i^{qv_i}, g\right) \\
&= e\left(\prod_{i \in I} \{[H(sk_h, R_i) \cdot u^{m_i}]^x \cdot g^{s \cdot x} \cdot \prod_{i \in I} y_{tag_i}^x\}^{qv_i}, g\right) \\
&= e\left(\prod_{i \in I} \{[H(sk_h, R_i)^{qv_i} \cdot u^{qm_iv_i}] \cdot g^{s \cdot q \cdot v_i} \cdot \prod_{i \in I} y_{tag_i}^{qv_i}\}, g^x\right) \\
&= e\left(\prod_{i \in I} H(sk_h, R_i)^{qv_i} \cdot u^{q\sum_{i \in I} m_iv_i} \cdot g^{s \cdot q \sum_{i \in I} v_i} \cdot \prod_{i \in I}\prod_{i \in I} y_{tag_i}^{qv_i}, g^x\right) \\
&= e\left(\prod_{i \in I} H(sk_h, R_i)^{qv_i} u^{\omega} \cdot g^{\varepsilon} \cdot \tau, g^x\right)
\end{aligned} \tag{8.19}
$$

3. 基于云存储的加密图像提取方案

云服务器外包数据结束后，本地用户根据验证信息结果选择是否删除本地数据。正如本节介绍，当验证结果为 $\nu(0)$ 时，表示云服务器外包的数据是完整的，没有经过篡改，那么，在这种情况下本地用户就可以删除数据以节省本地用户的存储空间；反之，当验证结果为 $\nu(1)$ 时，重新外包数据即可。

既然本地用户将数据外包给云服务器，那么外包数据理所当然需要被外界提取出来使用；否则就没有意义。由于云服务器中的外包数据是经过加密的数据，因此，当外界用户需要提取云服务器的外包数据时，需要有加密数据的密钥才能获取原始外包数据。根据第 7 章介绍，云服务器只需有解密密钥，按照加密过程的逆过程即可解密图像。但是，外界用户分为两种，一种是本地用户，一种是非本地用户。为了保证数据的安全性，两者提取云服务器外包数据的方式不一样，因此分为以下两种情况。

1）本地用户提取外包数据。本地用户直接发送加密数据密钥给云服务器，云服务器解密数据，然后将解密数据返还给用户，同时，用户将解密图像的抽象信息发送给三方审计，三方审计通过判断其与原始图像的抽象信息是否相等来通知本地用户无须重新对原始数据进行加密，即返回一个提取验证信息 extract=0。

2）非本地用户提取外包数据。授权用户需要获取外包数据，首先需要向本地用户发出授权请求，然后本地用户将原始加密图像的加密密钥次数 t 发送给云服务

器,同时用标签密钥对 t 进行加密得到 t_sign,然后将 t_sign 返还给授权用户,授权用户向云服务器发送提取数据请求同时发送 t_sign,云服务器接收到 t_sign 后对 t_sign 进行解密得到 t',判断 t' 和 t 是否相等。若相等,则解密外包数据,然后将解密数据发给授权用户,同时授权用户将解密图像的抽象信息发送给三方审计,同理,三方审计通过判断两次的抽象信息是否相等来通知本地用户需要重新对原始数据进行加密,即返回一个提取验证信息 extract $=1$。改进算法流程解析如图 8.4 所示。

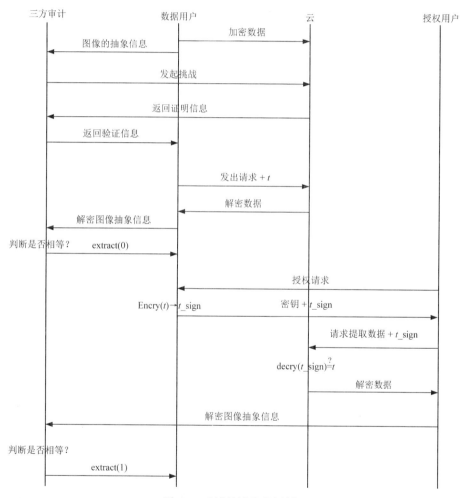

图 8.4　改进算法流程解析

　　规定:当用户收到 extract $=0$ 时,保持数据不变;当收到 extract $=1$ 时,重新生成密钥对原始数据进行加密。

　　云服务器同意授权请求后,运行图像的解密算法,通过接收到的解密密钥解密出图像,然后将其发送给授权请求用户。采用三张加密图像以及各自的 99 个副本作为输入数据，在云端进行数据提取时运行解密算法可以正常解密，解密图像如图 8.5 所示。

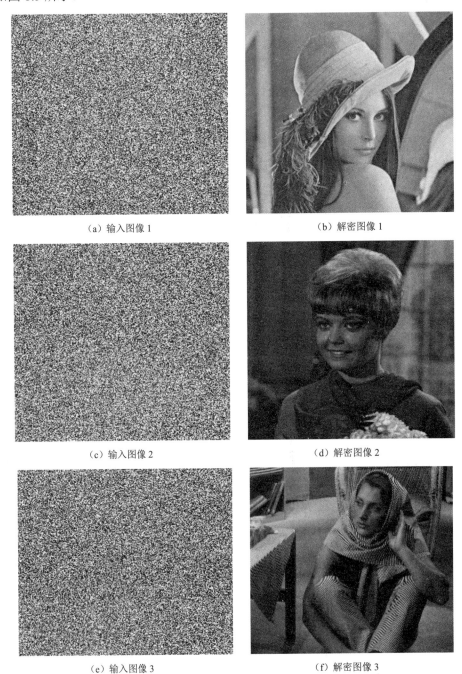

（a）输入图像 1　　　　　　　　　　（b）解密图像 1

（c）输入图像 2　　　　　　　　　　（d）解密图像 2

（e）输入图像 3　　　　　　　　　　（f）解密图像 3

图 8.5　数据用户的输入图像与云端的解密图像

8.3　性　能　评　估

根据 8.2 节介绍的安全云存储模型，三方审计算法为用户提供了数据完整性验证。但是，在数据完整性验证过程中，有必要分析该完整性验证算法的正确性，以及在整个审计过程中算法的计算开销、存储开销以及通信开销较传统的审计算法具备哪些优势。根据 Chen 等在文献[10]中介绍的计算开销、存储开销以及通信开销均与外包数据的块数和每块数据的大小有关系，因此，本章将这两个变量固定，将本章算法与传统的算法进行对比做了仿真分析。

本章选择在本地构建伪分布式 Hadoop 云平台，即通过不同的 Java 进程来模拟终端用户和云之间数据的交互[11]。实验平台的配置如下：Inter(R)Celeron(R) G1620、主频 2.70GHz、内存 2GB，仿真过程均使用 Java 语言在 MyEclipse 平台下完成，测试时调用 Java 中的 MemoryUtil 包中的 deepMemoryUsageOf()方法统计开销。本章的外包数据采用第 3 章的加密图像以及 999 个副本进行数值仿真，取 n 等于 256，则每块的大小为 256Kbit。

8.3.1　数据完整性

一般的云存储设备都具备当用户恢复云端数据时保证数据有效性的特点。对于外包的加密数据，云服务器可以提供高认证性，防止云端的非授权用户获取或修改数据。通过这种技术，本地用户完全不用担心外包数据被恶意篡改，并且经过三方审计技术认证之后，外包数据的完整性更加得以保障。本地用户可能会担心授权用户接收到数据后会篡改数据或者部分数据的抽象信息，这样就有可能导致三方审计出现错误。根据 8.2 节介绍的数据提取方案，授权用户获取数据首先需要获得本地用户授权，并且授权用户获取数据结束后，本地用户重新对数据进行加密，然后外包给云服务器。因此，在保证三方审计与提取数据都有本地用户认证的前提下，就可以保证数据的完整性。

8.3.2　计算开销

本章算法的计算开销分为用户开销和云服务器开销两部分，用户的计算开销是本章算法的编码过程和解码过程，云服务器的计算开销是云端查找挑战数据块和对应生成的证明信息。对于用户和云，计算开销包括四部分，即外包数据时间、发起挑战时间、证明时间和验证时间。

本小节针对本章算法、Yang 和 Jia 的算法、Shen 等的算法及 Chen 等的算法四种算法的计算开销进行了仿真。通过对每种算法进行不同挑战块数的抽取，对比分析了不同算法在抽取同样数据块的情况下的计算开销。

图 8.6 所示为四种算法均随机抽取 200 个挑战数据块的计算开销仿真图。可以看出，Yang 和 Jia 的算法的各个过程的计算开销均最低，本章算法除了生成挑战过程的计算开销较低外，其他过程均较高，Chen 等的算法和 Shen 等的算法的各个过程的计算开销介于本章算法和 Yang 和 Jia 的算法之间。

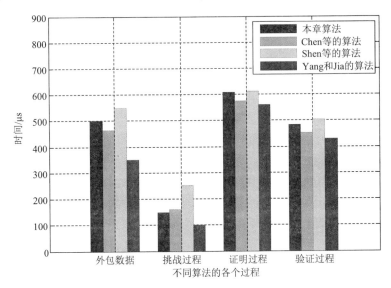

图 8.6　200 个挑战数据块的计算开销对比

图 8.7 所示为四种算法均抽取 500 个挑战数据块的计算开销仿真图。可以看出，Yang 和 Jia 的算法的各个过程的计算开销依然最低，本章算法的生成证明过程和验证过程的计算开销超过其他三种算法，并且四种算法中证明过程的计算开销均急剧增大。

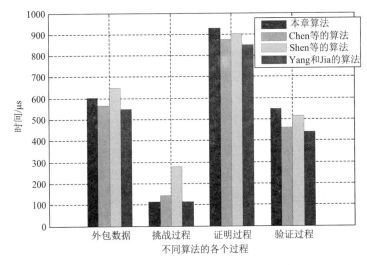

图 8.7　500 个挑战数据块的计算开销对比

图 8.8 所示为四种算法均抽取 1000 个挑战数据块的计算开销仿真图。可以看出，四种算法的外包数据过程和生成证明过程的计算开销均急剧增大，但是本章算法的整体计算开销最低。

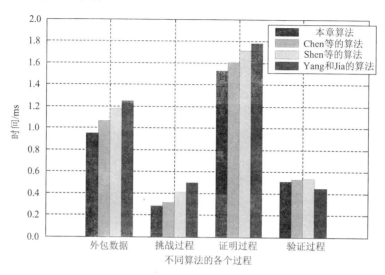

图 8.8　1000 个挑战数据块的计算开销对比

图 8.9 所示为四种算法均抽取 2000 个挑战数据块的计算开销仿真图。可以看出，四种算法生成挑战过程和验证过程的计算开销呈较小幅度增长，其他两个过程的计算开销还是急剧增大。此时，本章算法的整体计算开销明显比其他三种算法低得多。

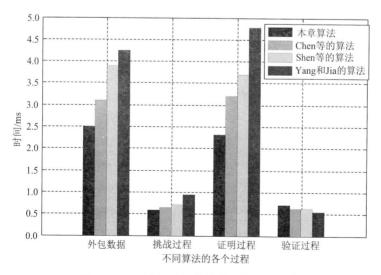

图 8.9　2000 个挑战数据块的计算开销对比

　　图 8.10 所示为四种算法均抽取所有挑战数据块的计算开销仿真图。可以看出，本章算法除了证明过程的计算开销比 Chen 等的算法略高外，外包数据的计算开销、发起挑战的计算开销和验证的计算开销均比其他三种算法低。

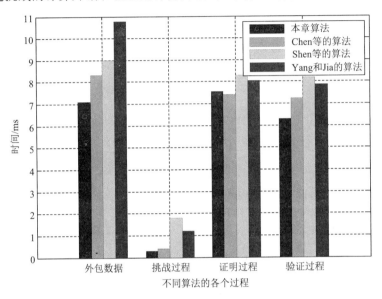

图 8.10　所有挑战数据块的计算开销对比

　　其中，在上述仿真过程中，由于发起挑战的时间在 μs 量级，所以为了便于观察对比结果，将四种算法发起挑战的时间均乘以 1000 倍。事实上，发起挑战的时间非常短，可以忽略不计。

　　仿真结果表明，当抽取的挑战数据块在 1000 个以内时，选择 Yang 和 Jia 的算法及 Chen 等的算法比较合适。但是，根据实际情况，要保证云存储过程的安全性，往往需要抽取一半以上的挑战数据块。

8.3.3　存储开销和通信开销

　　表 8.2 列出了本章算法与其他三种算法的存储和通信性能对比。其中，κ 代表隐式安全参数，s 代表随机数，l 代表审计查询的长度，Mesg、n 分别代表输入数据和分块的个数，ρ 代表去标签的认证信息。

表 8.2　本章算法与其他三种算法的性能对比

算法	用户		云服务器	
	存储	通信	存储	通信
本章算法	$O(\kappa + s)$	$O(l)$	$O(\|Mesg\| + \dfrac{\|Mesg\|}{n})$	$O(\rho + n)$
Chen 等的算法	$O(\kappa + s)$	$O(l)$	$O(\|Mesg\| + \dfrac{\|Mesg\|}{n})$	$O(\rho + n)$

续表

算法	用户		云服务器	
	存储	通信	存储	通信
Shen 等的算法	$O(\kappa + s)$	$O(l)$	$O(2 \cdot \|\mathrm{Mesg}\|)$	$O(\rho + n)$
Yang 和 Jia 的算法	$O(\kappa + s)$	$O(l)$	$O(\|\mathrm{Mesg}\| + \dfrac{\|\mathrm{Mesg}\|}{n})$	$O(\rho + n)$

本章算法与其他三种算法的存储开销与通信开销仿真对比如图 8.11 所示。

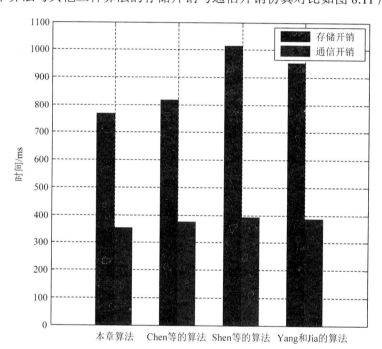

图 8.11　不同算法存储开销与通信开销对比

　　存储开销：对于数据用户，只需存储加密算法的密钥即可。因此，数据用户的存储开销就是隐式安全参数 κ 和随机数 s；而对于云服务器，需要同时存储用户的加密数据和认证信息。

　　通信开销：对于数据用户，由于数据在外包给云服务器之前需要经过审计查询，而云服务器要验证数据的完整性，首先需要向云发起挑战，因此，通信开销取决于挑战信息的长度，其是固定的；对于云服务器，通信开销包括两部分，其中一个是生成证明信息的去标签认证信息，另一个是审计查询过程中的数据块的线性组合。

　　综上所述，本章算法的计算开销以及存储和通信开销比传统的三种算法都低，验证了本章算法的可行性和有效性。

小　　结

本章首先介绍了安全云存储模型、审计模型及云存储中三方审计协议；其次，详细介绍了云存储中外包数据的完整性问题和如何提取外包数据，前者可以通过设计一个安全的三方审计协议解决，后者分为两种情况，即本地用户提取外包数据和非本地用户提取外包数据；最后通过性能分析对本章改进算法的数据完整性、通信开销、存储开销和计算开销做了简单的数值分析并与其他算法进行了对比。分析表明，与传统的三方审计协议相比，改进算法在保证良好的数据完整性的同时可以提供更好的通信开销并且降低存储开销和计算开销。

参 考 文 献

[1] HSIEN W F, YANG C C, HWANG M S. A survey of public auditing for secure data storage in cloud computing[J]. International Journal of Network Security, 2016, 18(1): 133-142.

[2] WANG C, CHOW S M, WANG Q, et al. Privacy-preserving public auditing for secure cloud storage[J]. IEEE Transactions on Computers, 2013, 62(2): 362-375.

[3] YANG K, JIA X H. An efficient and secure dynamic auditing protocol for data storage in cloud computing[J]. IEEE Transactions on Parallel and Distributed Systems, 2013, 24(9): 1717-1726.

[4] JUELS A, OPREA A. New approaches to security and availability for cloud data[J]. Communications of the ACM, 2013, 56(2): 64-73.

[5] YU Y, MAN H A, ATENIESE G, et al. Identity-based remote data integrity checking with perfect data privacy preserving for cloud storage[J]. IEEE Transactions on Information Forensics and Security, 2017, 12(4): 767-778.

[6] SHEN W T, YU J, HAO R, et al. A public cloud storage auditing scheme with lightweight authenticator generation[C]// International Conference on P2P Parallel, Grid, Cloud and Internet Computing. Krakow: IEEE Press, 2015: 36-39.

[7] SUMATHI S,VENKATESAN K G S. Cloud security using third party auditing and encryption service in multiple public clouds [J]. International Journal of Emerging Technology in Computer Science and Electronics, 2016, 22(3): 80-84.

[8] BAGHEL S V, THENG D P. A survey for secure communication of cloud third party authenticator[C]// International Conference on Electronics and Communication Systems. Coimbatore: IEEE Press, 2015: 51-54.

[9] CHEN F, XIANG T, YANG Y Y, et al. Secure cloud storage meets with secure network coding[J]. IEEE Transactions on Computers, 2016, 65(6): 1936-1948.

[10] HUSSIEN Z A, JIN HAI, ABDULJABBAR Z A, et al. Public auditing for secure data storage in cloud through a third party auditor using modern ciphertext[C]// Conference on Information Assurance and Security. Marrakech: IEEE Press, 2015: 73-78.

[11] 刘鹏. 云计算[M]. 3 版. 北京: 电子工业出版社, 2015.

第9章 云计算资源调度分析

随着云计算的应用越来越广泛以及用户的不断增加，云计算资源的特殊需求也不断提高。云计算任务匹配和资源调度成为云计算的关键技术。科学、合理的资源调度算法可以减少云计算系统完成任务的时间，提高系统中计算资源的使用效率，从而提高系统整体性能。

9.1 背 景 介 绍

云计算资源调度就是在云用户、云环境以及云服务器提供商之间建立灵活的动态平衡机制。云计算资源调度机制会按照云用户的实际需求，整合和分配云环境中所有资源。首先需要使用虚拟化技术构建标准，对云环境中的实体资源进行抽象虚拟，以达到整合云环境中所有资源的目的，并实现对这些资源的统一分配与管理。

9.1.1 云计算资源调度

通过建立合理的云计算资源调度方法，可以实现虚拟资源和物理资源集成的目的，并实现合理的分配，从而使系统达到负载均衡，并且在高效利用资源的同时满足云用户对服务质量的需求。资源调度的目的是对资源结构和资源利用率进行优化。在资源调度中基于分布式计算和网格计算的云计算的应用由于其相对成熟的发展，因此对云环境下的资源调度有一定的参考价值[1,2]。同时必须根据云环境下资源调度的特点，改进资源调度算法和资源调度策略。

9.1.2 云计算资源调度过程

云计算资源调度首先是系统接受云用户的服务请求，然后结合虚拟机资源进行动态匹配，接着映射其相对应的物理机。云计算资源调度过程如图 9.1 所示。

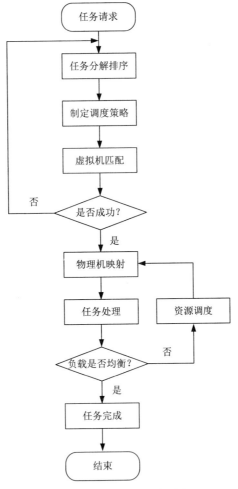

图 9.1　云计算资源调度过程

9.2　云计算资源调度特点与目标

云计算系统中，云计算资源独特的动态性和异构性，使其成为一个极为复杂的系统。

9.2.1　资源调度特点

总地来说，云计算资源调度具有以下几个特点。

（1）资源分布广泛，具有异构性

为了给云用户提供便利的服务资源，云服务提供商在世界分散建立数据中心，并且其物理资源（如带宽、内存、CPU 等）型号以及性能在不同程度上有所不同。

（2）由于集中式资源调度的大规模性，调度必须是及时的

与网格计算聚合分散的调度方法不同，云计算的资源调度形式是基于数据中心和对调度资源统一管理。然后通过虚拟化方法对资源进行整合，将虚拟池中的资源合理分配给云用户。随着数据中心数量规模逐渐庞大，资源规模也逐渐增多。与此同时，由于云用户的需求不断增长，云计算的调度必须及时有效。

（3）资源调度具有可扩展性和动态性[3]

由于资源调度需要面向不同类型的云用户，因此提供的服务必须是多样和动态的。因此，资源调度必须根据云用户的实际需求进行合理改变。在用户服务请求变化或者使用资源故障时，资源调度需要做出合理的分配调整，适应实际情况，以满足用户需求。

（4）资源调度需要考虑经济成本[4]

由于云计算是一种商业性服务，因此必须考虑其成本和效益问题。云计算资源遵守"按需使用，按量收费"的规则，不仅云用户需要付费，云服务提供商也有运行成本，同时由于种类、型号、性能的差异，不同资源其价格也不一样。因此需要考虑经济成本问题，共同保证云服务提供商和云用户的利益，云计算这种商业性服务模式才能得以持续、健康的发展。

9.2.2　资源调度目标

云服务提供商建立的数据中心分布于世界各个角落，集成全部的计算资源。不仅为云用户提供虚拟资源及各种服务，同时负责维护、分配以及管理云计算资源。由于不同云用户的不同需求，云计算需要制定有效的资源调度方法，同时考虑多种需求因素。在云计算资源调度中，科学、合理的资源调度策略，其总体目标就是使云服务提供商为云用户提供高质量的服务，并且云服务提供商也能从中获得较高的经济效益。同时针对云用户、云环境以及云服务提供商，资源调度的目标也不同。针对云用户，需要保证云计算服务质量的需求，即服务的可靠性、稳定性以及服务的时间效率等；针对云环境，需要考虑提高系统的资源利用率，实现资源最大化利用，达到负载均衡；针对云服务提供商来说，需要优化云服务器资源结构，合理有效利用资源，达到经济效益最大化[5]。

总地来说，资源调度的目标就是云计算在提供高质量服务的同时，保证用户的服务质量得到满足。此外，还需保证云服务提供商的经济效益。与此同时，保持系统云环境的负载均衡，为云用户、云环境以及云服务器提供商建立一个有效的动态平衡机制。

9.3　云计算资源调度现有算法分析

由于云计算资源具有动态性和异构性，云计算资源调度一直是热门的研究课题。在这里，根据不同的资源调度目的，将云环境下的资源调度算法分为三类：以经济效益为目标、以提高服务质量为目标和以系统性能为目标。

9.3.1　以经济利益为目标的调度

云计算作为一种按需付费的商业计算模式，经济利益问题自然而然就成为云计算提供商最为关心的问题。以经济效益为目标的调度，使用市场经济学原则以及与价格关系来优化分配云计算中的资源。若出现市场供不应求、系统资源负载过大的情况时，将上调价格。若出现供过于求的情况，系统负载降低，则同步降低价格。用这种模式既确保云服务器供应商的成本效益，又确保云用户在有限的开支情况下得到满意的服务体验。要想同时满足这两方面的要求，传统的资源调度方法显然是做不到的。云计算提供商和云用户要达成互利双赢的局面，才能使云计算整个行业有可持续发展的前景和未来[6]。

Buyya 等[7]提出基于成本效益的云计算调度方式，应用 SLA 资源分配器达到协调云服务器供应商与云用户间的关系，从而获得较大的经济效益。葛新等[8]研究基于云计算集群扩展的调度方法，根据云用户的实际需要调度云资源，以达到降低云服务提供商成本、满足云用户需求的目的。封良良[9]提出了一种基于云计算环境下改进粒子群的任务调度算法，以时间和成本的双适应度对粒子群进行优化调度的算法，使任务的执行时间缩短，从而节约任务执行成本。

9.3.2　以提高服务质量为目标的调度

云计算用户作为云计算服务提供商的消费者，本着"客户至上"的原则，云计算的服务模式必须要以用户为中心，以满足云用户的服务质量需求为核心工作目标。目前，云计算资源调度主要考虑四个关键服务质量参数，即费用、时间、带宽和可靠性。

1）费用。云计算遵循"按需使用，按量收费"的规则，费用是云用户重点关注的方面。针对希望通过有限的资金预算获得较为满意的服务体验的云用户。

2）时间。对于那些对任务执行时间要求比较严格的云用户来说，时间就是他们的主要关注点。

3）带宽。某些任务对云计算平台的要求比较高，如流媒体服务等方面。因此为保证任务执行的稳定性，需要根据用户的带宽需求设计合理的云计算资源调度[10]。

4）可靠性。有些任务需要长时间执行，因此云用户可能会更看重云服务的可靠性和私密性,如云数据存储等。

总地来说,在不同的调度任务中,有不同的服务质量要求约束。衡量调度算法的一个重要因素是服务质量,目前,国内外许多学者都在致力于提升服务质量的调度算法研究,以达到使用户服务体验更好的目的[11-14]。

9.3.3 以系统性能为目标的调度

以系统性能为目标的调度主要包括两个方面。一是提高资源利用率,实现资源最大化利用,以最少的物理资源完成最多的任务分配,从而达到提高系统使用率同时节约系统成本的目的;二是保持系统负载均衡,当分配任务时,每个节点的负载条件可以实时控制,这样系统负载就相对平衡了。这时云计算系统的总体性能以及资源利用率才会显著提高。相反,若系统负载不均衡,则系统的总体性能以及资源利用率均会受到影响[15]。所以,资源调度策略的研究目标之一就是使系统内部达到负载均衡。目前,国内外众多研究者针对这个目标进行着广泛深入的研究。Bahi 等[16]在 Amazon EC2/S3 的云环境下研究了随机 WS 算法,并验证了该算法的有效性。这种方式能使系统达到动态的负载均衡,同时可调整高峰期的带宽。

为了达到云计算协同性能更高效的目标,有越来越多以性能为中心的算法应用在云计算资源调度中。发展比较成熟的算法有原始的调度算法及其对应的改进算法,如 min-min 算法、max-min 算法。另外,还有 ACO、GA 等进化算法。其中,ACO 具有较好的可扩充性及并发性,虽然具有较好的局部搜索性能,但由于初期信息素的匮乏求解速度较慢。PSO 虽然具有较少的调优参数,但由于其收敛速率快、易于实现等特点,因此不适用于求解离散问题。目前,在云计算调度策略中有越来越多的智能算法被整合进去,鉴于智能算法的优势,不少学者将研究方向集中在智能算法领域,针对以上分析,提出了基于 IMO 的云计算虚拟资源调度解决方法。

9.4 IMO 基本原理

IMO 受到自然界中的离子运动的启发,通过阴离子与阳离子之间的吸引力和排斥力相互协作、相互影响,互相推动在解空间寻求最优解。在 IMO 中,"离子"是 D 维搜索空间上的一点,这里可以看成是任一优化问题的潜在解。阴离子带负电荷,阳离子带正电荷,它们根据阴离子与阳离子之间的吸引力,以及阴离子与阴离子、阳离子与阳离子之间的排斥力在解空间互相推动,进行动态调整,并且所有阴、阳离子都有一个被目标函数决定的适应值。

9.4.1 理论基础

IMO 概念模型如图 9.2 所示。

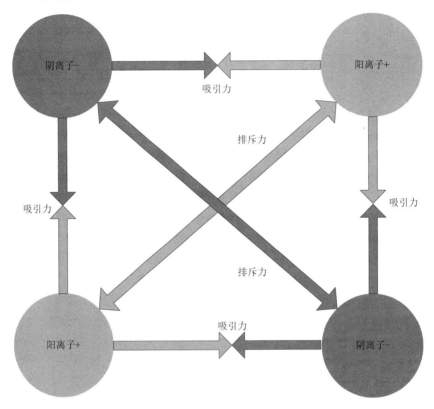

图 9.2　IMO 概念模型

9.4.2 数学描述

假设每个离子的位置即为一个离子的解，阴、阳离子群落由 m 个阴、阳离子构成，离子群的目标搜索空间为 D 维，则离子群中离子的位置和种群可以用 D 维向量表示，m 个解的离子组成一个种群表示为

$$S = \{X_1, X_2, \cdots, X_m\} \qquad (9.1)$$

第 i 个离子的位置表示为

$$X_i = \{X_{i1}, X_{i2}, \cdots, X_{iD}\} \quad i \in [1, m] \qquad (9.2)$$

将 X_i 代入与求解问题相关的目标函数就可以计算出相应的适应值。

在求解最优值时，根据设定的目标函数计算出对应阴、阳离子的适应值，根据具体的适应值判断最优阴离子以及最优阳离子的位置，再以阴、阳离子间的吸引力推动离子在解空间进行搜索，不断更新、改变离子的位置，一步一步

满足条件，最后求得最优值解。阴、阳离子通过下列公式进行位置的更新和改变，即

$$AF_{i,j} = \frac{1}{1 + e^{-0.1/AD_{i,j}}} \tag{9.3}$$

$$CF_{i,j} = \frac{1}{1 + e^{-0.1/CD_{i,j}}} \tag{9.4}$$

$$AD_{i,j} = \left| A_{i,j} - Cbest_j \right| \tag{9.5}$$

$$CD_{i,j} = \left| D_{i,j} - Abest_j \right| \tag{9.6}$$

阴、阳离子位置更新为

$$A_{i,j} = A_{i,j} + AF_{i,j} \times (Cbest_j - A_{i,j}) \tag{9.7}$$

$$C_{i,j} = C_{i,j} + CF_{i,j} \times (Abest_j - C_{i,j}) \tag{9.8}$$

式中，i 为离子数；j 为维度；$AD_{i,j}$ 为第 i 个阴离子与最优阳离子在 j 维上的距离；$CD_{i,j}$ 为第 i 个阳离子与最优阴离子在 j 维上的距离；$AF_{i,j}$ 为阴离子的吸引力；$CF_{i,j}$ 为阳离子的吸引力。

这里假设离子间的吸引力远大于排斥力，忽略排斥力的大小，影响吸引力的唯一因素就是离子间的距离。离子群中搜寻和求解最优值解的过程，是通过阴、阳离子之间相互推动作用实现的，带负电的阴离子移向最优的带正电的阳离子，带正电的阳离子移向最优的带负电的阴离子，它们之间的移动搜索都依赖吸引力和排斥力的作用，力的大小代表了每个离子的动力。在空间中，通过每个阴、阳离子之间动力来动态地调整自身的位置，互相影响，不断调整，最终实现对最优解的搜寻。

9.5　IMO 实现流程

IMO 的实现大体划分为四部分：种群信息初始化、最优离子评估、位置信息更新和算法迭代终止条件。

具体步骤如下。

步骤 1　初始化阴、阳离子种群，设置相关参数。

步骤 2　对每个阴、阳离子的适应值进行评估，确定出最优阴离子和最优阳离子。

步骤 3　按照筛选规则筛选出有用离子。

步骤 4　对有用离子按照迭代规则进行迭代。

步骤 5　计算阴、阳离子吸引力。

步骤 6　通过吸引力大小更新离子位置。

步骤 7 早熟判断处理机制，若存在早熟，则进行早熟处理，并返回步骤 4 重新开始迭代，若没有早熟，则进行步骤 8。

步骤 8 判断是否满足终止条件，若满足，则进行步骤 9，若不满足，则返回步骤 4，重新开始迭代。

步骤 9 得到最优值解。

步骤 10 结束。

详细的 IMO 实现流程如图 9.3 所示。

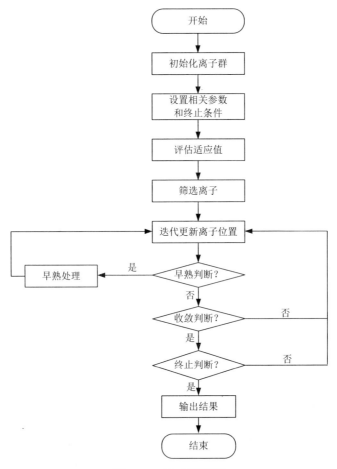

图 9.3 IMO 实现流程

9.5.1 筛选离子

设置筛选机制，根据每个阴、阳离子适应值大小进行筛选。适应值可通过设定的目标函数计算出来，目标函数不同、适应值也就不同。初始化阴、阳离子种群后，根据设置的目标函数，每个阴离子和阳离子都对应一个适应值，适应值的大小决定了阴、阳离子的优劣性。最小优化问题是适应值较小的为优，反之为劣；最大优化问题是适应值较大的为优，反之为劣。这里研究的云计算资源调度方法，是以最少的资源成本、时间成本以及经济成本满足云用户的服务质量需求为主要目标。显而易见，本章的 IMO 在进行阴、阳离子筛选时适应值较小的离子是有用离子，进行优先处理，是明显的最小优化问题。在这里，把适应度函数定义为

$$\text{Fitness}(i) = \frac{1}{\min\{T(i)\}} + \frac{1}{\min\{E(i)\}} \tag{9.9}$$

式中，i 为云环境中资源的序号；$T(i)$ 为任务在第 i 个资源上的时间花费，$E(i)$ 为任务在第 i 个资源上的经济花费。

在解决实际问题时，需要对离子进行约束。在这里通过定义的约束函数进行离子筛选。约束函数定义为

$$\begin{cases} \text{Con}(i) = \sum_{j=1}^{h}\max[0, p_j(x)] + \sum_{k=1}^{n}\left|q_k(x)\right| \\ \text{s.t.}\begin{cases} p_j(x) \geqslant 0, j = 1, 2, \cdots, h \\ q_k(x) = 0, k = 1, 2, \cdots, n \end{cases} \end{cases} \tag{9.10}$$

式中，$p_j(x) \geqslant 0$ 为不等式条件约束；$q_k(x) = 0$ 为等式条件约束，约束函数的值越大的离子是越应该被筛选掉的。

根据以上函数定义，设计的筛选机制如下。

1）首先通过设置的目标函数，计算出所有阴、阳离子的适应值，并根据其大小进行适应值排序。

2）然后根据设置的约束函数计算出所有阴、阳离子的约束值。

3）最后根据适应度函数和约束函数对离子进行筛选。在这里，第一轮筛选：设定初始适应值排序前 $\theta\%(\theta > 0)$ 被筛选掉，即若某一个离子的初始适应值排序在前 $\theta\%$ 中，则该离子被筛掉，若排序不在前 $\theta\%$，则继续进行下一轮筛选；第二轮筛选是所有通过第一轮筛选剩下的离子再通过约束函数计算出对应的约束值，根据大小排序后进行的筛选：设定 $\gamma(\gamma > 0)$，γ 为约束函数的最大限定值，若 $\gamma < \text{Con}(j)$ 则离子 j 被筛掉。对离子按照以上设计的筛选机制进行筛选，可以筛掉某些边界上的离子和一些无用解。在算法运行的初期进行离子筛选，筛选出有用离子能加快算法后期的收敛速度，从而提高算法的运行效率。

9.5.2 早熟处理办法

IMO 整体结构较为简单，运行速度较快，参数较少，因此在算法运行过程中很容易陷入局部最优，得出的解为局部最优解，而我们需要的是全局最优解，因

此算法就出现了早熟的情况，这是大多数群智能算法的通病。所以，在这里必须对算法进行早熟判断与处理，避免算法在运行时陷入局部最优。IMO 的早熟判断与处理机制如图 9.4 所示。

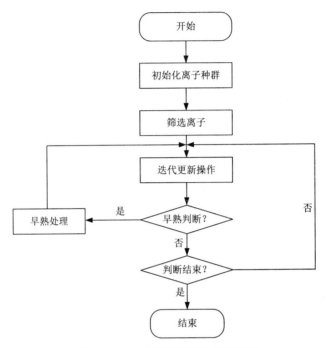

图 9.4　IMO 的早熟判断与处理机制

具体的早熟判断机制定义如下。

设阴、阳离子的种群数为 s，fitness(i) 表示离子 i 的适应度值，fitness$_{avg}$ 表示阴、阳离子群的平均适应度值，τ^2 表示离子群的聚散程度指标，有

$$\text{fitness}_{avg} = \frac{\sum_{i=1}^{s}\text{fitness}(i)}{s} \quad i=1,2,\cdots,s \tag{9.11}$$

$$\tau^2 = \frac{\sum_{i=1}^{s}[\text{fitness}(i) - \text{fitness}_{avg}]^2}{s} \quad i=1,2,\cdots,s \tag{9.12}$$

τ^2 值表示种群中阴、阳离子的聚合离散程度。值越大，表示种群离子的聚合度越低，离散度越高；值越小，表示种群离子的聚合度越高，离散度越小。因此，τ^2 的值越小越好，代表聚合度越高、离散度越低，离子群越集中。当算法刚好满足终止条件，并且 τ^2 的值又达到一定数值，此时就表示算法出现了早熟现象。所以，在这里引入早熟判断对象常数 C，当 $\tau^2 > C$ 时，则进行早熟处理。IMO 中，阴、阳离子的各自位置决定着对应适应度值的大小。相对地，适应度值的大小又

决定阴、阳离子的位置，两者互相影响。因此，在这里将适应度值的大小作为早熟判断的条件。通过以上早熟判断机制与早熟处理办法，避免了算法陷入局部最优。

9.6　IMO 仿真与性能分析

9.6.1　测试函数

本章采用 Sphere 函数和 Griewank 函数这两个典型的测试函数作为目标函数，并且应用 MATLAB 软件进行实验性能分析。将 PSO 与本章的 IMO 进行性能比较。表 9.1 列出了两个典型测试函数的表达式、范围及最优值。

表 9.1　测试函数的表达式、范围及最优值

F	函数	函数表达式	范围	最小值
f_1	Sphere	$f_1(x)=\sum_{i=1}^{n}x_i^2$	$[-100,100]$	0
f_2	Griewank	$f_2(x)=\sum_{i=1}^{n}\frac{x_i^2}{4000}-\prod_{i=1}^{n}\cos\left(\frac{x_i}{\sqrt{i}}\right)+1$	$[-600,600]$	0

9.6.2　仿真结果与性能分析

PSO 的基本参数设置：种群个数 S 设置为 100，$C_1=2$，$C_2=2$，$\omega=0.6$，最大迭代数 I_{max} 设置为 1000；IMO 的基本参数设置：种群个数 S 设置为 100，$\gamma=1$，$\theta=5$，最大迭代数 I_{max} 设置为 1000；实验次数都为 30 次。

表 9.2 列出了 PSO 与 IMO 分别运行 30 次后，两个函数 f_1 与 f_2 得到的平均最优解、标准差以及运行时间的比较。从表 9.2 可以看出，对于目标函数 f_1 与 f_2，IMO 的各项指标均优于 PSO，IMO 的标准差都远小于 PSO，说明该算法具有很好的鲁棒性，稳定度更高。运行时间也大大缩减了，说明 IMO 更高效。

表 9.2　PSO 与 IMO 运行结果

F	运行次数	PSO			IMO		
		平均最优	标准差	运行时间	平均最优	标准差	运行时间
f_1	30	0.2495	0.5097	3.1365	1.41E-13	1.75E-15	0.4526
f_2	30	2.48E+0.3	2.11E+0.3	6.1373	2.62E-24	2.02E-35	0.4621

函数 f_1 与 f_2 的最优解迭代曲线如图 9.5 和图 9.6 所示。

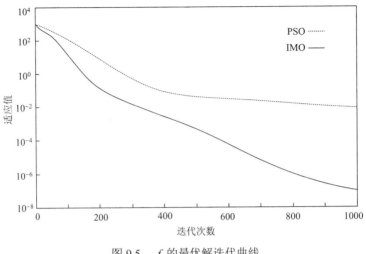

图 9.5 f_1 的最优解迭代曲线

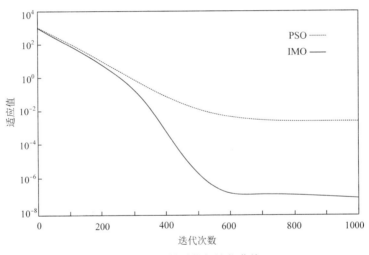

图 9.6 f_2 的最优解迭代曲线

从图 9.5 和图 9.6 中可以看出，IMO 的寻优速度明显快于 PSO，收敛速度快，提高了算法运行效率，并且搜索精度也较高。从以上几组对比实验分析中可知，离子运动算法的整体性能较好，并且这些特性都有利于云计算资源调度的应用。

小   结

本章首先介绍了 IMO 的理论基础，并对其进行了数学描述，然后详细地描述了 IMO 的具体实现过程；设置离子筛选机制，筛选有效离子，淘汰劣质离子，能使算法后期收敛速度加快，提高了算法的运行效率。根据算法容易陷入局部最优的通病，提出了早熟判断机制与早熟处理办法，避免算法陷入局部最优。最后，应用 MATLAB 对 IMO 和 PSO 进行对比仿真分析，验证了 IMO 优于 PSO，整体性能较好。

参 考 文 献

[1] 蒋雄伟，马范援. 中间件与分布式计算[J]. 计算机应用，2002，22(4)：5-8.

[2] 郝泳涛，方丁，林琳，等. 基于 OGSI 的网格计算研究综述[J]. 计算机应用研究，2005，4(22)：18-20.

[3] GRIT L, IRWIN D, MARUPADI V, et al. Harnessing virtual machine resource control for job management[C]// Proceedings of the Workshop on System-Level Virtualization for High Performance Computing, Reno: Mendeley, 2007: 229-262.

[4] GOIRI I, GUITART J, TORRES J. Economic model of a cloud provider operating in a federated cloud[J]. Information Systems Frontiers, 2012, 14(4): 823-843.

[5] MUNIR E U, LI J, SHI S. QoS sufferage heuristic for independent task scheduling in grid[J]. Information Technology Journal, 2007, 6(8): 1166-1170.

[6] TALATAHARI S, GANDOMI A H, YUN G J. Optimum design of tower structure using firefly algorithm[J]. Structural Design of Tall and Special Buildings, 2014, 23(5): 350-361.

[7] BUYYA R, YEO C S, VENUGOPAL S, et al. Cloud computing and emerging IT platforms: Vision, hype, and reality for delivering computing as the 5th utility[J]. Future Generation Computer Systems, 2009, 25(6): 599-616.

[8] 葛新，陈华平，杜冰，等. 基于云计算集群扩展中的调度策略研究[J]. 计算机应用研究，2011，28(3)：995-997.

[9] 封良良. 云计算环境下基于改进粒子群的任务调度算法[J]. 计算机工程，2013，39(5)：183-186.

[10] 黄璐. 基于遗传算法的云计算任务调度算法研究[D]. 厦门：厦门大学，2014.

[11] 肖连兵，黄林鹏. 网格计算综述[J]. 计算机工程，2002，28(3)：1-3.

[12] HOCHBAUM D S. Approximation algorithms for NP-hard problems[M]. Boston: PWS Publishing, 1996.

[13] 罗红，慕德俊，邓智群，等. 网格计算中任务调度研究综述[J]. 计算机应用研究，2005，22(5)：17-19.

[14] 张猛. 云计算与数据中心自动化[M]. 北京：人民邮电出版社，2012.

[15] 杨际祥. 并行与分布式计算负载均衡问题研究[D]. 大连：大连理工大学，2012.

[16] BAHI J M, CONTASSOTVIVIER S, COUTURIER R. Dynamic load balancing and efficient load estimators for asynchronous iterative algorithms[J]. IEEE Transactions on Parallel and Distributed Systems, 2005, 16(4): 289-299.

第10章 基于 IMO 的云计算资源
调度分析与设计

云计算资源调度的最终目标是如何以最小的经济成本科学、高效地调配数据中心的各种资源，来最大限度地满足云用户的服务质量需求。云计算资源调度首先是云用户向云服务提供商发出相应请求，云服务提供商的数据中心根据不同类型的服务请求制定调度策略，然后根据调度策略，进行虚拟资源分配和其他工作，最后通过资源调度算法对最优物理资源进行映射，为云用户提供需求服务的过程。

10.1 基于 IMO 的云计算资源调度可行性分析

云计算资源调度中的一级调度是用户任务集和数据中心的各类虚拟资源的一个匹配过程。设云用户提出请求的任务集合为 Task = $\{T_1, T_2, \cdots, T_n\}$，$T_i$ 表示第 i 个任务；虚拟机集合表示为 VM = $\{V_1, V_2, \cdots, V_m\}$，$V_j$ 表示第 j 个虚拟机；用户的任务集合和虚拟机集合可以匹配成一个任务处理集合 $Q = \{q_{11}, q_{12}, \cdots, q_{1m}, q_{21}, q_{22}, \cdots, q_{2m}, q_{n1}, \cdots, q_{nm}\}$，$q_{ij}$ 表示第 i 个任务在第 j 个虚拟机上执行处理，若 $q_{ij} = 1$，则表示第 i 个任务被分配在第 j 个虚拟机上执行处理；反之，若 $q_{ij} = 0$，则表示没有任务被执行。

从以上分析不难看出，云计算中的资源调度被转化为一个遍历搜索问题，这与典型的旅行商问题（traveling salesman problem，TSP）很相似。TSP 是一个典型的组合优化问题，并且也是一个 NP 难问题，因此，这种资源调度问题属于数学算法建模中的 NP 难问题。考虑到 NP 难问题在多项式时间内求解的不现实性，有必要找到最优的资源调度方案。

将 IMO 与云计算资源调度模型相结合，把虚拟机和物理机资源池看成 IMO 中的阴、阳离子种群；把单个虚拟资源和单个物理机资源看成阴、阳离子种群中的单个离子；物理机的通信能力等同于离子的动力；物理机资源处理的强弱能力等同于离子群中的优劣离子；云计算中资源的选择过程相当于 IMO 中的离子筛选过程；云计算中资源的限制条件等同于 IMO 中相应的约束条件；资源信息的动态改变相当于 IMO 中位置信息的动态更新；云计算资源调度的过程其实就是 IMO 的实现过程，最优的资源调度方法实质上就是 IMO 所对应的搜寻出的最优解。所以，云计算资源调度问题从本质上说就是一种寻找最优解的问题。

IMO 是启发式的随机搜索算法，从第 9 章的实验数据可以看出该算法容易实现，具有收敛速度快、可调参数较少、效率高等特性，是解决最小优化问题的一种很好的算法，因此，将 IMO 应用到云计算资源调度问题上是行得通的。

10.2　基于 IMO 的云计算资源调度策略设计

建立云计算资源调度的数学模型，将资源调度的数学模型与 IMO 相结合，对 IMO 的云计算资源调度进行研究。

10.2.1　资源调度数学模型设计

假设云用户有 n 个任务服务请求，虚拟资源池中有 m 个虚拟机，物理机资源池中有 k 个物理机。将云用户的 n 个任务请求与数据中心的 m 个虚拟机进行匹配后再映射到物理机资源池中的 k 个物理机的过程，统称为云计算资源调度。

在实际执行操作过程中，必须考虑任务执行时间成本、任务响应延迟、网络传输的带宽以及资源可信赖程度这几方面的问题。在综合这几点的原则下设计出满足云用户服务质量需求的云计算资源调度策略，使其高效、合理。本章针对以上问题设计出一个资源选择函数，来确定资源池中的资源是否被选中。资源选择函数为

$$\begin{cases} \mathrm{Choice}(\mathrm{VM}_i) = a \cdot \mathrm{Time\_cost}(\mathrm{VM}_i) + \dfrac{b \cdot \mathrm{Delay}(\mathrm{VM}_i)}{c \cdot \mathrm{Bandwith}(\mathrm{VM}_i)} + d \cdot \mathrm{Trust}(\mathrm{VM}_i) \\ \mathrm{s.t.} \begin{cases} \mathrm{Time\_cost}(\mathrm{VM}_i) \leqslant \mathrm{TL}, \ \mathrm{Delay}(\mathrm{VM}_i) \leqslant \mathrm{DL} \\ \mathrm{Bandwith}(\mathrm{VM}_i) \geqslant \mathrm{BL}, \ \mathrm{Trust}(\mathrm{VM}_i) \geqslant \mathrm{TRL} \end{cases} \end{cases} \quad (10.1)$$

$\mathrm{Time\_cost}(\mathrm{VM}_i)$ 为第 i 个虚拟机 VM_i 执行任务时间；TL 为最大限制值；$\mathrm{Delay}(\mathrm{VM}_i)$ 为第 i 个虚拟机 VM_i 的延迟响应时间；DL 为最大限制值；$\mathrm{Bandwith}(\mathrm{VM}_i)$ 为任务分配到第 i 个虚拟机 VM_i 所能提供的最大网络传输带宽；BL 为最小限制值；$\mathrm{Trust}(\mathrm{VM}_i)$ 为第 i 个虚拟机 VM_i 的可信赖值；TRL 为最小限制值；a、b、c、d 分别为四个影响因素的权重值，并且满足 $a+b+c+d=1$，a、b、c、$d \in [0,1]$。

$$\mathrm{Time\_cost}(\mathrm{VM}_i) = \frac{\mathrm{Dose}(T_k)}{\mathrm{Ability}(\mathrm{VM}_i)} \quad (10.2)$$

式中，$\mathrm{Dose}(T_k)$ 为第 k 个任务 T_k 的任务量；$\mathrm{Ability}(\mathrm{VM}_i)$ 为第 i 个虚拟机 VM_i 的处理能力。

$$\mathrm{Delay}(\mathrm{VM}_i) = \left\{ t_\mathrm{w} + \left[(t_\mathrm{f} - t_\mathrm{b}) - \frac{\mathrm{Dose}(T_k)}{\mathrm{Ability}(\mathrm{VM}_i)} \right] \right\} \cdot h_\mathrm{d} \quad (10.3)$$

式中，h_d 为历史延迟率；t_f 为任务执行完成时间；t_b 为云用户发出任务请求时间点；t_w 为任务执行需要等待时间。当 $\mathrm{Choice}(\mathrm{VM}_i) > C$ 时，第 i 个虚拟机 VM_i 与第 k 个任务 T_k 进行匹配，C 为设定的虚拟机选择常数。虚拟机资源完成对所有任

务分配的预计时间，有

$$\text{PreTime\_cost(VM}_i) = \frac{\text{Dose}(T_k)}{\text{Ability(VM}_i)} + \frac{\text{Date}(T_k)}{\text{Bandwith(VM}_i)} + \text{Delay(VM}_i) \quad (10.4)$$

用 W 表示整个资源调度过程，则云用户请求的所有任务执行完所需时间可表示为 FinishTime(W)，FinishTime(W) 是 PreTime_cost(VM$_i$) 的最大值，即

$$\text{FinishTime}(W) = \max(\text{PreTime\_cost(VM}_i)) \quad (10.5)$$

Total_cost(W) 表示整个资源调度过程的总花费，Price(VM$_i$) 表示资源单位价格，可以表示为

$$\text{Total\_cost}(W) = \text{Price(VM}_i) \cdot \sum_{i=1}^{m} \text{PreTime\_cost(VM}_i) \quad (10.6)$$

资源调度过程的延迟表示为 Delay(W)，是分配到各个资源上延迟的最大值，表示为

$$\text{Delay}(W) = \max[\text{Delay(VM}_i)] \quad (10.7)$$

资源调度过程的可信度值表示为 Trust(W)，是由调度中资源最小可信度决定的，表示为

$$\text{Trust}(W) = \min[\text{Trust(VM}_i)] \quad (10.8)$$

根据以上函数定义，云用户的服务质量需求满意度值 $F(W)$ 可以定义为

$$F(W) = f_1 \cdot \left[\text{FinishTime}(W) + \text{Delay}(W) \right] + f_2 \cdot \text{Total\_cost}(W) + f_3 \cdot \text{Trust}(W)$$
$$(10.9)$$

式中，f_1 为云用户对任务完成时间的要求程度；f_2 为云用户对任务完成所需的预算费用要求程度；f_3 为云用户对任务所需资源的信任度要求程度，且 $f_1 + f_2 + f_3 = 1$。

云用户的服务质量需求满意度值 $F(W)$ 越大，表示越符合云用户服务质量要求，即云用户越满意。

10.2.2　资源调度目标及约束条件

IMO 应用于云计算资源调度的最终目标：保证用户的服务质量需求能得到满足的同时，云服务提供商的经济利益最大化，并且云环境系统还能保持负载均衡，实现云用户与云环境以及云服务提供商的动态平衡。因此，需要应用 IMO 进行云计算资源调度，提高资源利用率，建立起云用户服务质量评价标准，对云服务提供商的服务进行判断和评价。

要使系统达到负载均衡，必须对物理机的实际负载情况进行分析，通过研究发现有以下关系[1]，即

$$\text{Energy} = ACv^2 s \quad (10.10)$$

式中，Energy 为物理机能耗；A 为对应物理机的能耗系数；C 为负载电容；v 为实际电压；s 为实际频率。

通过式（10.10）可以看出，能耗系数 A 与物理机能耗成正比，当物理机的负

载率超过一定数值时，能量消耗系数就会增加，因此需要设置物理机的负载率。这样，通过设置物理机的负载率在一定程度上可以使云环境系统达到负载均衡，这里设置物理机的最大负载率为 0.8，如果物理机负载率不超过 0.8 就进行放置。

对于云用户服务质量的需求，可以通过具体的约束值对任务服务时间、服务费用和可信度进行约束，以最大限度满足用户需求，同时建立服务评价函数，云用户通过服务评价函数对云服务提供商所提供的服务进行满意度衡量[2,3]。在这里，定义将云用户对服务的满意度级别划分为两级，即满意和不满意。

服务时间评价函数定义为

$$TimeConstraint(W) = \frac{time_{max} - FinishTime(W)}{time_{max} - time_{min}}$$　（10.11）

式中，$time_{min}$ 为执行完成任务需要的最小时间量；$time_{max}$ 为执行完成任务需要的最大时间量；$FinishTime(W)$ 为云用户请求的所有任务执行完所需的时间量。

通过式（10.11）可以看出，任务完成时间越少，相应的 $TimeConstraint(W)$ 值越大。设定评价标准为 0.5，若 $TimeConstraint(W) \geq 0.5$，表示云用户对服务时间是满意的；若 $TimeConstraint(W) < 0.5$，则表示云用户对服务时间不满意。

服务费用评价函数定义为

$$CostConstraint(W) = \frac{cost_{max} - Total\_cost(W)}{cost_{max} - cost_{min}}$$　（10.12）

式中，$Total\_cost(W)$ 为整个资源调度过程的实际经济开销；$cost_{min}$ 为执行任务的最小经济开销；$cost_{max}$ 为执行任务的最大经济开销。

通过式（10.12）可以看出，执行任务的开销越少，$CostConstraint(W)$ 值越大。设定评价标准为 0.5，若 $CostConstraint(W) \geq 0.5$，表示云用户在服务开销上是满意的；若 $CostConstraint(W) < 0.5$，则表示云用户在服务开销上是不满意的。

可信度评价函数定义为

$$TrustConstraint(W) = \frac{\frac{1}{m} \cdot \sum_{i=1}^{m} Trust(VM_i) - Trust(VM_i)_{min}}{Trust(VM_i)_{max} - Trust(VM_i)_{min}}$$　（10.13）

式中，$Trust(VM_i)_{min}$ 为资源中可信度的最小限制值；$Trust(VM_i)_{max}$ 为资源中可信度的最大限制值，资源调度过程的可信度值由历史的平均值表示。

通过式（10.13）可以看出，资源调度可信度越高，$TrustConstraint(W)$ 值越小。若 $TrustConstraint(W) \geq 0.5$，则表示云用户对服务的资源可信度是满意的；若 $TrustConstraint(W) < 0.5$，则表示云用户对服务不满意。

综合以上函数定义，最终评价云用户服务质量满意度的函数为

$$Satisfied(W) = x \cdot TimeConstraint(W) + y \cdot CostConstraint(W)$$
$$+ z \cdot TrustConstraint(W)$$　（10.14）

式中，x、y、z 为时间、费用和可信度三个影响因素的权重值，且 $x + y + z = 1$，

x、y、$z \in [0,1]$。

10.2.3　资源调度物理模型设计

根据云环境中资源的实际使用过程设计出相应的资源调度物理模型，分为两大主体，即云用户和数据中心。云计算资源调度物理模型具体设计如图 10.1 所示。

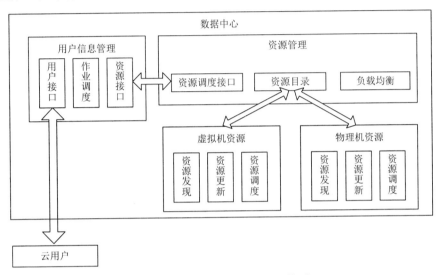

图 10.1　云计算资源调度物理模型

云用户通过用户界面的用户信息管理模块向数据中心发出服务请求，数据中心接收云用户服务请求，并通过用户界面向云用户提供服务信息反馈。接受云用户服务请求是用户信息管理模块的主要功能，并对不同类型的云用户服务请求进行科学管理和作业调度。作业调度即分配云用户的服务请求。资源接口是通过资源调度接口传递给资源管理模块，用于传递服务请求所需的所有资源信息。资源信息的接收与传输是通过资源管理模块的资源调度接口进行的，通过资源目录按照设计的资源调度策略对资源进行调度。在调度过程中，虚拟资源和物理资源不断地在资源目录中更新信息，形成资源发现，这样资源就被更新到资源调度这样的流动过程中。完成任务后，结果信息将通过资源调度接口传递给用户信息管理模块，并通过用户界面将反馈结果传递给云用户。与此同时，对云环境的负载情况进行监控。资源目录链接起虚拟资源和物理资源，其中包括资源调度、资源更新和资源发现三部分。根据资源调度流程图，有以下两个问题需要解决。

1）云计算资源初始化。当资源发现模块发现某个资源需要注册到资源目录时，注册信息主要包括四个方面的内容，即资源的可信任度值、资源的存储能力、通信能力及计算能力。初始注册信息代表资源的初始功能，并且随着资源在注册后不断被调用，资源的实际能力不断更新。虚拟机初始能力表示为

$$\omega_{\mathrm{VM}_i} = \mathrm{cpu}_{\mathrm{VM}_i} + \mathrm{sto}_{\mathrm{VM}_i} + \mathrm{trs}_{\mathrm{VM}_i} + \mathrm{tru}_{\mathrm{VM}_i} \tag{10.15}$$

式中，ω_{VM_i} 为虚拟机 VM_i 的初始能力；$\mathrm{cpu}_{\mathrm{VM}_i}$ 为 VM_i 资源的初始计算能力；$\mathrm{sto}_{\mathrm{VM}_i}$ 为 VM_i 资源的初始存储能力；$\mathrm{trs}_{\mathrm{VM}_i}$ 为 VM_i 资源的初始通信能力；$\mathrm{tru}_{\mathrm{VM}_i}$ 为 VM_i 资源的初始可信度值。

虚拟机在任意 t 时刻的实际能力表示为

$$\omega_{\mathrm{VM}_{it}} = \tau_{\mathrm{cpu}_t} \cdot \mathrm{cpu}_{\mathrm{VM}_i} + \tau_{\mathrm{sto}_t} \cdot \mathrm{sto}_{\mathrm{VM}_i} + \tau_{\mathrm{trs}_t} \cdot \mathrm{trs}_{\mathrm{VM}_i} + \tau_{\mathrm{tru}_t} \cdot \mathrm{tru}_{\mathrm{VM}_i} \tag{10.16}$$

式中，$\omega_{\mathrm{VM}_{it}}$ 为虚拟机 VM_i 在任意 t 时刻的实际能力；τ_{cpu_t} 为 VM_i 在 t 时刻计算的空闲率；τ_{sto_t} 为 VM_i 在 t 时刻存储的空闲率；τ_{trs_t} 为 VM_i 在 t 时刻通信的空闲率；τ_{tru_t} 为可信度系数，其值由虚拟机资源历史使用值决定；τ 为虚拟机的空闲率。

2）负载均衡。物理机资源的实际负载情况决定了云环境系统的负载平衡状态，在执行资源调度任务时，虚拟机资源通过资源目录可以映射出实际执行任务时使用的物理机资源 $\{P_1, P_2, \cdots, P_j, \cdots, P_n\}$。因此，在这里对物理机资源的使用率建立了一个标准[4]，标准值为 σ，如果物理机 P_j 的实际使用率不超过 σ，则放置物理机 P_j，通过这样的机制使云环境下系统达到负载均衡，使云环境系统能科学高效地运行[5]。

根据资源调度物理模型，资源调度具体流程框图如图 10.2 所示。

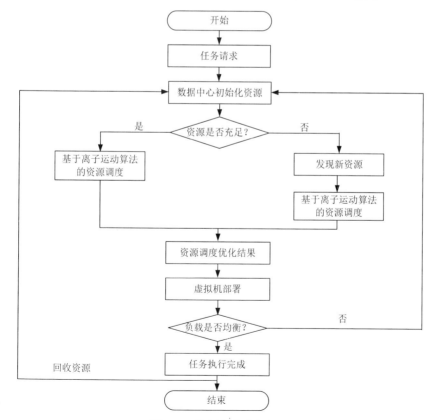

图 10.2　资源调度流程框图

10.3　基于 IMO 的云计算资源调度的实现

在云计算资源调度中，科学、合理的资源调度策略，就是能在云用户与云环境以及云服务提供商这三者之间建立一个有机的动态平衡机制。云用户希望在低成本付出的情况下，获得高服务质量；云服务提供商希望优化资源结构，合理整合资源，用有限的资源换取经济效益最大化；云环境希望可以提高系统的资源利用率，实现资源最大化利用，达到负载均衡。所以，云计算想要达到这种平衡状态，云环境中资源数和相应的服务质量就至关重要。

10.3.1　最优资源调度原理

显而易见，资源越多，云用户可以使用的资源就越多，然而出现的问题也随之越来越多，资源数量的不断增加同时也使云环境复杂性增加，系统的稳定性就难以得到保证。因此，在这里根据最优资源调度原理建立一个平衡函数，即

$$F = S(p) + L(p) \tag{10.17}$$

式中，$S(p)$ 为云用户的服务质量满意度值与虚拟资源数量之间的线性关系；$L(p)$ 为云环境下系统负载均衡与虚拟资源数量之间的线性关系。$S(p)$ 函数与 $L(p)$ 函数之间的交点就表示在满足云用户服务质量需求的同时实现云环境下系统负载均衡的平衡点。

最优资源调度原理如图 10.3 所示。

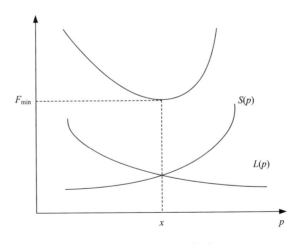

图 10.3　最优资源调度原理

10.3.2　目标函数建立

图 10.3 中 x 的值表示既满足云用户服务质量需求，又达到负载均衡的最优资源调度策略下所对应的虚拟资源数目，求解 x 值的过程就是在满足云用户服务质量需求的同时达到云环境负载均衡而进行的相应资源调度过程。从本质上看，就是寻找最优解问题。

根据以上分析，建立起相应目标函数，可表示为

$$F = \min\left(f_1 \cdot \frac{\text{FinishTime}(W) + \text{Delay}(W)}{\text{time}_{\text{pre}}} + f_2 \cdot \frac{\text{Total\_cost}(W)}{\text{cost}_{\text{pre}}} + f_3 \cdot \frac{\text{trust}_{\text{pre}}}{\text{Trust}(W)} \right)$$

$$(10.18)$$

式中，time_{pre} 为云用户对于任务服务时间的预算要求；cost_{pre} 为云用户对服务花费的预算要求；$\text{trust}_{\text{pre}}$ 为云用户对服务可信度的预算要求。

10.3.3　约束条件和参数设置

在进行资源调度之前，首先要计算出各个资源的适应值大小，根据资源的适应值先淘汰一部分资源，然后再从筛选剩下的资源中对应设置约束条件，做进一步优化选择操作。$\text{Time\_cost}(\text{VM}_i)$ 表示第 i 个虚拟机 VM_i 执行任务时间，TL 为最大限制值；$\text{Delay}(\text{VM}_i)$ 表示第 i 个虚拟机 VM_i 的延迟响应时间，DL 为最大限制值；$\text{Bandwith}(\text{VM}_i) \geqslant \text{BL}$ 表示任务分配到第 i 个虚拟机 VM_i 所能提供的最大网络传输带宽，BL 为最小限制值；$\text{Trust}(\text{VM}_i)$ 表示第 i 个虚拟机 VM_i 的可信赖值，TRL 为最小限制值；$\text{Fit}(\text{VM}_i)$ 表示虚拟机资源的适应值，θ 表示选择资源适应值的最小阈值。具体约束集为

$$\text{s.t.}\begin{cases} \text{Time\_cost}(\text{VM}_i) \leqslant \text{TL} \\ \text{Delay}(\text{VM}_i) \leqslant \text{DL} \\ \text{Bandwith}(\text{VM}_i) \geqslant \text{BL} \\ \text{Trust}(\text{VM}_i) \geqslant \text{TRL} \\ \text{Fit}(\text{VM}_i) \geqslant \theta \end{cases} \text{s.t.}\begin{cases} \text{FinishTime}(W) + \text{Delay}(W) \leqslant \text{time}_{\text{pre}} \\ \text{Total\_cost}(W) \leqslant \text{cost}_{\text{pre}} \end{cases}$$

基于 IMO 在云计算资源调度中的应用，设置相关参数如表 10.1 所示。

表 10.1　参数设置

参数	参数含义	取值
γ	最大约束函数值	2
θ	最小约束适应值	0.1

参数	参数含义	取值
σ	物理机负载上限	[0.7,0.8]
I_{max}	最大迭代次数	1000
C	早熟判定常数	1

10.3.4　基于 IMO 的云计算资源调度的实现过程

根据云计算资源调度优化的结构模型和以云用户服务质量要求建立的目标函数以及具体约束条件，基于 IMO 的云计算资源调度的具体实现过程如下。

步骤 1　初始化阴、阳离子种群，设定 flag 初始值为 0。

步骤 2　根据问题规模设置相关参数，设置阴、阳离子群数目 S，最大迭代次数 I_{max}，最大约束函数值 γ，早熟判定常数值 C。

步骤 3　令初始化阴、阳离子种群为最优。

步骤 4　根据离子的适应度函数，计算阴、阳离子的初始适应值，并根据离子筛选规则淘汰部分离子。

步骤 5　对有用阴、阳离子按照迭代规则进行更新操作，并且 flag 的值每迭代一次加 1，同时实时更新确定出最优阴离子 A_{best} 和最优阳离子 C_{best}。

步骤 6　根据早熟判断处理机制进行早熟判断和处理，若存在早熟则进行相应的早熟处理，并且返回步骤 5 重新开始迭代，若没有早熟，则进行步骤 7。

步骤 7　判断是否满足终止条件，是否达到最大迭代数 I_{max}，若 flag = I_{max}，则执行步骤 10，若 flag < I_{max}，则进行步骤 8。

步骤 8　判断是否收敛，若收敛则直接进行步骤 9，若不收敛则返回步骤 5 继续迭代。

步骤 9　确定 A_{best} 和 C_{best} 对应的各阴、阳离子信息。

步骤 10　根据 A_{best} 和 C_{best} 进行虚拟机放置。

步骤 11　根据虚拟机映射出相应的物理机。

步骤 12　物理机执行资源调度任务，并最终进行资源回收。

步骤 13　结束任务，输出结果。

基于 IMO 的云计算资源调度流程框图如图 10.4 所示。

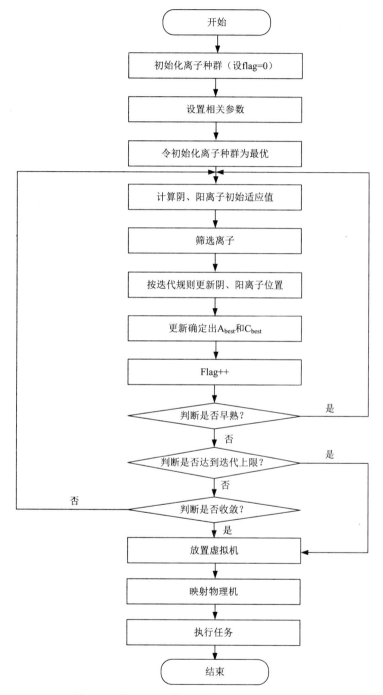

图 10.4   基于 IMO 的云计算资源调度流程框图

10.4　CloudSim 介绍

随着云计算模式下多功能的应用，基于网格仿真实验模拟器已经不能满足不同类型云计算的需求，因此为了与基础设施虚拟化以及虚拟化资源建模的云计算模式合作，以及云计算任务分配调度、云安全等方面实验研究的需求，在基于网格仿真实验模拟器的基础上，澳大利亚墨尔本大学的网格实验室基于 Java 开发了一个云计算仿真平台——CloudSim，该平台能够进行各种异构云计算资源、用户、调度算法等的模拟与仿真。

CloudSim 具有以下主要功能。

1）支持云计算下的大规模基础设施、各类资源以及不同数据中心进行建模和仿真。

2）能够对数据中心、资源管理中心以及任务调度中心进行建模并搭建平台。

3）为具有多重协同功能的虚拟化服务提供虚拟化引擎，在一个数据中心节点上创建多种虚拟化服务，并进行有效管理。

4）在提供虚拟化服务的同时，可以按不同需求选择处理器，如在空间共享和时间共享之间进行自由按需切换[6]。

图 10.5 是 CloudSim 体系结构框图，从上到下分为四层，依次是第一层 User Code 用户代码层、第二层 CloudSim[7]层、第三层 GridSim[8]层、第四层 SimJava 层[9]。User Code 层属于用户接口，是接入平台的用户入口；CloudSim 层提供云环境，将 GridSim 层的一些核心函数进行扩展，用户在这一层实现虚拟机到主机的分配策略；GridSim 层是网格工具包，同时也是 CloudSim 层的基础，提供创建资源、用户、数据中心等相关服务；SimJava 层是离散事件的仿真引擎，对离散事件进行创建并运行，提供底层 Java 实现，解决了系统底层的需求。

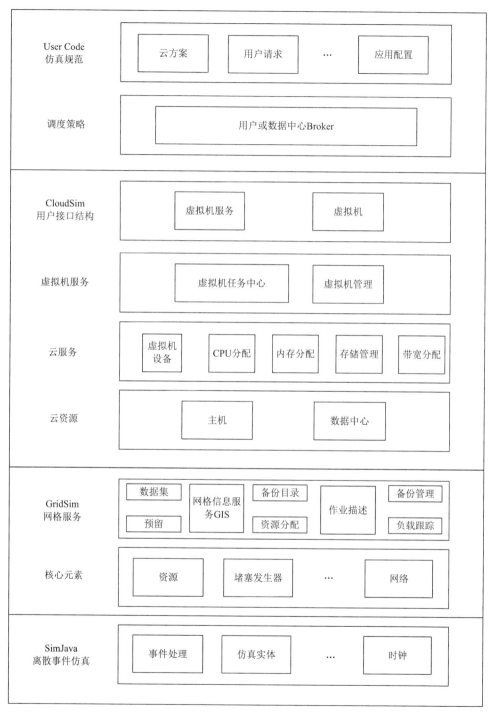

图 10.5　CloudSim 体系结构框图

10.5　CloudSim 工作方式

CloudSim 工作方式如图 10.6 所示。

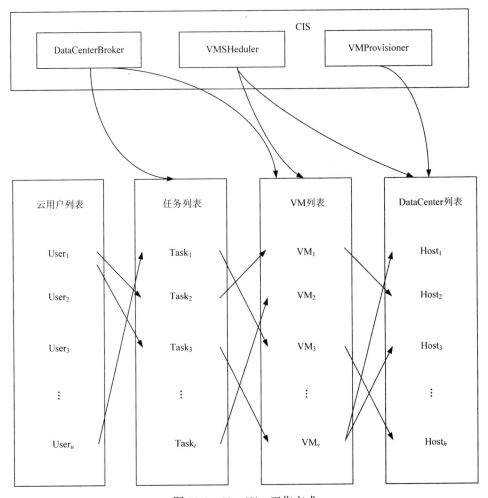

图 10.6　CloudSim 工作方式

CloudSim 的工作方式主要分为 DataCenter 列表层、VM 列表层、任务列表层以及云用户列表层四个层级。建立起三个层次关系，分别为一个用户对多个任务关系、多个任务对多个 VM 关系以及多个 VM 对多个 DataCenter 关系。DataCenterBroker 用来进行调度管理和扩展，为用户匹配合适的虚拟机资源[10]。VMProvisioner 用来匹配虚拟机和主机之间的映射关系[11]。

10.6　实　验　仿　真

在云计算仿真平台 CloudSim 中，云用户根据自身需求结合资源模型，通过对其功能方法进行修改和扩展，从而实现新的云计算资源调度策略[12]。

10.6.1　实验仿真流程

本章基于 IMO 进行云计算资源调度，具体仿真实验步骤如下。

步骤 1　初始化 CloudSim 库。

步骤 2　创建数据中心 DataCenter 以及数据中心代理 DataCenterBroker。

步骤 3　创建虚拟机。

步骤 4　创建云服务实体。

步骤 5　编写 IMO，在 CloudSim 库里实现。

步骤 6　开始仿真实验。

步骤 7　实施资源调度。

步骤 8　仿真实验结束。

步骤 9　输出结果。

10.6.2　实验结果与性能分析

实验平台 CloudSim 参数设置如表 10.2 所示。

表 10.2　实验平台 CloudSim 参数设置

类型	参数	取值
数据中心	虚拟机单位时间成本	2～8
	数量	5
	主机数量	7
虚拟机	内存	512～2096MB
	带宽	512～1024bit
	处理器 MIPS	500～2600
	处理器数量	3～7
	数量	50
资源集	处理器需求数量	1～5
	长度	3000～10000mi
	数量	100～500

注：mi 是英制单位中的长度单位英里（mile）（1 英里≈1.609 千米）。

实验一：任务执行效率分析。

通过 IMO、PSO 及 ACO 三种算法的表现性能，对云计算资源调度任务执行效率进行分析和总结。

IMO 参数设置为：$S=100$，$\gamma=1$，$\theta=5$，$I_{max}=1000$；资源选择的影响因素权重值设置为：$a=0.3$，$b=0.2$，$c=0.2$，$d=0.3$。

这里设置云计算资源数分别为 100、200、300、400、500，分别应用 IMO、PSO 和 ACO 三种算法各进行 30 次资源调度，最后计算得出 30 次的平均值作为任务执行效率比对数据。对比结果如图 10.7 所示。

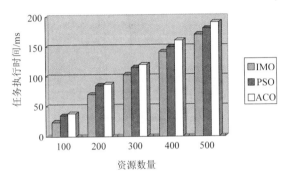

图 10.7　任务执行效率对比

从图 10.7 中可以看出，在相同资源数量的情况下，IMO 的任务执行时间比 PSO 与 ACO 短，具有更高效的任务执行效率，并且随着资源数量的增加，IMO 执行效率的优势越来越明显。ACO 调优困难，容易陷入局部最优，而 PSO 的动态适应能力较差，所以造成任务执行效率低。本章提出的 IMO，在充分考虑云计算资源动态性的基础上，通过资源选择和调度机制，提高了系统的资源利用率，实现了资源最大化，以最少的物理资源完成最多的任务分配，提升了云计算资源调度的任务执行效率，同时使整体系统使用率有所提升，达到节约系统成本的目的。

实验二：云用户的服务质量效用分析。

对 IMO、PSO 及 ACO 三种算法进行云用户服务质量效用关系分析。云用户满意度评价效用参数设置为：$x=0.4$，$y=0.3$，$z=0.3$。对比结果如图 10.8 所示。

通过图 10.8 云用户服务质量效用值比较分析可以看出，在相同资源数量的情况下，IMO 的云用户服务质量效用值都高于 PSO 与 ACO，而且随着资源数量的增加，IMO 的云用户服务质量效用值优势差距越来越明显。因此，基于离子运动算法的云计算资源调度更能满足云用户的对时间花费、费用成本及可信度的服务质量需求，为云用户提供更科学满意的服务。

实验三：云环境负载均衡分析。

对 IMO、PSO 及 ACO 三种算法进行云环境系统负载均衡对比。对比结果如

图 10.9 所示。

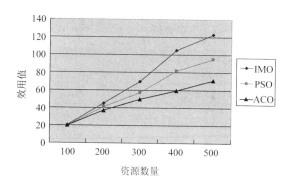

图 10.8　云用户服务质量效用值对比

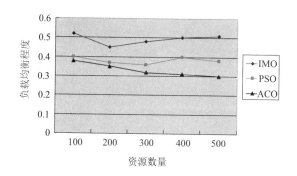

图 10.9　云环境系统负载均衡对比

由图 10.9 中数据可知，基于 IMO 的云计算资源调度系统负载更均衡。

通过以上三个实验数据的分析比对，基于 IMO 的云计算资源调度在提供高性能服务的同时，云用户对时间花费、费用成本以及可信度的服务质量需求更能得到满足，实现云服务提供商的经济效益最大化，并且云环境还能保持负载均衡，可以在云用户、云环境以及云服务提供商这三者之间建立一个有机的动态平衡。

小　　结

本章首先对 IMO 应用于云计算资源调度进行了可行性研究，根据分析验证该算法是切实可行的。然后从两个方面对云计算资源调度策略进行设计，即资源调度数学模型的设计和物理模型的设计，将资源调度的数学模型与 IMO 相结合。最后根据云计算资源调度优化的结构模型和以云用户服务质量要求建立的目标函数以及具体约束条件，实现基于 IMO 的云计算资源调度，并介绍了资源调度实现的具体过程。同时，对云计算环境下的资源调度进行了概述，并对云资源调度过程进行了介绍，接着分析总结了云计算调度的特点和目标。并根据不同的资源调度目的，对以系统性能为目标的调度算法、以提高服务质量为目标的调度算法以及以经济利益为目标的调度算法进行了简单分析。此外，对 CloudSim 云计算仿真平台进行了简单介绍，介绍了 CloudSim 的主要体系结构以及系统工作方式。然后将 IMO 应用到云计算资源调度过程中，通过 CloudSim 云计算仿真平台进行具体仿真实验分析，简单介绍了实验仿真流程步骤。通过对任务执行效率、云用户服务质量效用评价以及云环境负载均衡三个实验进行对比分析，IMO 在云计算资源调度上体现出的整体性能较高，在满足云用户服务质量的同时，云环境还能保持较好的负载均衡状态。

参 考 文 献

[1] GE R, FENG X, CAMERON K. Performance-constrained distributed dvs scheduling for scientific applications on power-aware cluster[C]// Proceedings of the 2005 ACM/IEEE Conference on Supercomputing.Washington: IEEE Computer Society, 2005: 34.

[2] VENKATACHALAM V, FRANZ M. Power reduction techniques for microprocessor systems[J]. ACM Computing Surveys, 2005, 37(3): 195-237.

[3] BUYYA R, RANJAN R, CALHEIROS R N. Modeling and simulation of scalable cloud computing environments and the CloudSim toolkit: Challenges and opportunities[C]// International Conference on High Performance Computing and Simulation. Leipzig: IEEE, 2009: 2-11.

[4] 周文煜，陈华平，杨寿保，等. 基于虚拟机迁移的虚拟机集群资源调度[J]. 华中科技大学学报，2011，1: 130-133.

[5] SHI Y, JIANG X, YE K. An energy-efficient scheme for cloud resource provisioning based on CloudSim[C]// IEEE International Conference on Cluster Computing. Austin: IEEE, 2011: 593-599.

[6] 张孟华. 基于 MPSO 算法的云计算任务调度策略研究[D]. 阜新：辽宁工程技术大学，2009.

[7] CALHEIROS R, RANJAN R, ROSE C F, et, al. CloudSim: Anovel framework for modeling and simulation of cloud computing infrastructures and services[R]. Grid Computing and Distributed Systems Laboratory, The University of Melbourne, Australia, March 13, 2009. GRIDS-TR-2009-1.

[8] AVETISYAN A I, CAMPBEL R, GUPTA I, et, al. Open cirrus: A global cloud computing testbed[J]. IEEE Computer, 2010, 43(4): 35-43.

[9] Page E H, Moose R L, Griffin S P. Web-based simulation in SimJava using remote method invocation[C]// Winter Simulation Conference Proceedings. Atlanta: IEEE, 1997: 468-474.

[10] GOYAL T, SINGH A, AGRAWAL A. CloudSim: Simulator for cloud computing infrastructure and modeling[J]. Procedia Engineering, 2012, 38(4): 3566-3572.

[11] STUTZLE T, DORIGO M. A short convergence proof or a class of ant colony optimization algorithms[J]. IEEE Transactions on Evolutionary Computation, 2002, 6(4): 356-366.

[12] WICKREMASINGHE B, CALHEIROS R, BUYYA R. Cloud Analyst: A CloudSim-based visual modeller for analysing cloud computing environments and applications[C]// International Conference on Advanced Information Networking and Applications. Perth: IEEE, 2010: 446-452.

第 11 章 多用户多关键词的外包数据库 可验证密文搜索方案

云存储及数据外包服务可以节约企业大量硬件及人力成本[1]。Mehrotra 等[2]首次提出了数据库即服务的思想（database as a service，DAS）。然而，由于数据存储于云服务提供商（cloud service provider，CSP）的服务器中，用户无法直接对数据进行控制，需要新的安全技术保障数据的机密性、完整性等安全特性[3,4]。对此问题，Shaikh 等[5]通过多篇文章分析了包括数据丢失、数据泄露、用户授权、恶意用户处理等多种外包数据库模型中常见的安全处理问题。如何有效地进行完整性验证和访问控制是一个亟待解决的问题。

11.1 背 景 介 绍

本章介绍的广播加密最初由 Amos 等提出[6]，作为一种在不安全信道中分发信息的方法。Dan 等[7]利用双线性对技术设计出带常数长度密文及私钥的抗共谋攻击方案。在云存储环境中，利用广播加密技术可以更加灵活、高效地分发密钥。加密者选定接收者集合产生相应密文，故只有接收者集合中的成员才能解密明文。方案抗共谋攻击，即使集合外所有成员共谋，依然无法解密数据。

完整性证明是一种防止 CSP 故意丢失、隐瞒用户数据的验证方法[8]。主要包括设计新的加密验证体制或基于"挑战-应答"模式的概率验证两种方法。对于数据库中内容完整性，采用 Bloom 过滤器[9,10]方法构造不存在元素证明，然而其对数据移除操作难以支撑。文献[11]通过构造类似字典树结构以构造不存在证明，其需要大量冗余信息。

本章在传统 Merkle 散列树[12]基础上进行改造，使得新生成树结构可以提供数据完整性证明，同时利用 Vector Commit[13]结构对基本数据库进行操作，如添加、删除、修改等提供不可篡改的更新证明。同时利用双线性映射累加器[14,15]，使数据库支持多关键词搜索，并能有效验证结构完整性。

11.2 预 备 知 识

双线性映射累加器可以有效证明集合中元素的从属关系。设 G、G_T 均为素数

p 阶的乘法循环群，生成元为 g。定义双线性运算 $e:G \times G \to G_T$ 满足以下性质。

1）双线性。$e(p^a, q^b) = e(p, q)^{ab}$，其中 p、$q \in G, a$、$b \in Z_p$。

2）非退化性。$e(g, g) \neq 1$，其为 G_T 的生成元。

3）可计算性。对于任意 $p, q \in G, e(p, q)$ 可在多项式时间内计算出。

11.2.1 双线性映射累加器

设 L 为含 n 个元素集合 $\{a_1, a_2, \cdots, a_n\} \in Z_p^n$，随机选择 $s \in Z_p$。则 $\prod_{a_i \in L}(a_i + s)$ 可以看作关于 s 的多项式，计算累加器值，即

$$\mathrm{acc}(L) = g^{\prod_{a_i \in L}(a_i + s)} \in G \tag{11.1}$$

对于 m 个集合 $\{L_1, L_2, \cdots, L_m\}$，若其构成交集为 $I = L_1 \cap L_2 \cap \cdots \cap L_m$，则 I 需要满足以下两个条件。

1）子集条件 $(I \in L_1) \wedge (I \in L_2) \wedge \cdots \wedge (I \in L_m)$，即交集为所有集合子集。

2）完备性条件 $(L_1 - I) \cap (L_2 - I) \cap \cdots \cap (L_m - I) = \varnothing$，即除去交集，所有集合不存在其他共同元素。令 $A_i(s) = \prod_{a_i \in L - L_i}(a_i + s)$，根据多项式互素条件，一定存在多项式 $P_i(s)$ 使式（11.2）成立，即

$$\sum_{i=1}^{m} P_i(s) A_i(s) = 1 \tag{11.2}$$

式中，$P_i(s)$ 可以通过扩展欧几里得算法求出。计算

$$\mathrm{Wit}_{I, L_i} = g^{A_i(s)} \tag{11.3}$$

$$\mathrm{Cwit}_{I, L_i} = g^{P_i(s)} \tag{11.4}$$

则子集条件和完备性条件判定可以转化为以下两个条件的判定，即

$$\prod_{i=1}^{m} e(\mathrm{Wit}_{I, L_i}, \mathrm{Cwit}_{I, L_i}) = e(g, g) \tag{11.5}$$

$$e\left(g^{\prod_{a_i \in I}(a_i + s)}, \prod_{i=1}^{m} \mathrm{Wit}_{I, L_i}\right) = \prod_{i=1}^{m} e[\mathrm{acc}(L_i), g] \tag{11.6}$$

添加 a_{n+1} 元素至 L，即令 $\mathrm{acc}'(L) = \mathrm{acc}(L)^{(a_{n+1} + s)}$，删除元素 a_i，即令 $\mathrm{acc}'(L) = \mathrm{acc}(L)^{-(a_i + s)}$，修改元素 a_i 为 a_{n+1}，即令 $\mathrm{acc}'(L) = \mathrm{acc}(L)^{-(a_i + s)(a_{n+1} + s)}$。若 q 为多项式 $g^{\prod_{a_i \in L}(a_i + s)}$ 上界，在未获得 s 值的情况下，可展开多项式，通过 $\{g^{s^i} : 0 \leqslant i \leqslant q\}$ 求出结果。安全性依据于 q 阶强 Diffie-Hellman 假设（q-SBDH）[16]。

11.2.2 VC

Catalano 和 Fiore 提出[13]的 VC（Vector Commit）结构可以有效验证一个有序

集合 $(m_1, m_2, \cdots, m_q)$ 中元素位置，同时可利用更少的验证信息保证数据完整性。本书采用基于 CDH（computation Diffie-Hellman）假设构造的结构，即 $a \in Z_p$，对于双线性对生成元 g，在多项式时间内不存在算法 A 使得 $\Pr[A(g, g^a) = g^{a^2}] > k$，其中，$k$ 为可忽略的概率。其构造方法为选取双线性运算 $e: G \times G \rightarrow G_T$，生成元 g。对于集合 $(m_1, m_2, \cdots, m_q)$，随机选择 q 个随机数 $(z_1, z_2, \cdots, z_q) \in Z_p$，$h_{i,j} = g^{z_i z_j} (i, j = 1, 2, \cdots, q, \ i \neq j)$，$h_i = g^{z_i} (i = 1, 2, \cdots, q)$；令 $\mathrm{pp} = (g, \{h_i\}_{i \in [q]}, \{h_{i,j}\}_{i,j \in [q]})$。计算 $C = h_1^{m_1} h_2^{m_2} \cdots h_q^{m_q}$ 作为 VC。对于任意元素 m_i，可在未获得 z_i 时通过 $\{h_{i,j}\}_{i,j \in [q]}$ 计算出验证值，即

$$\Lambda_i = \prod_{j=1, j \neq i}^{q} h_{i,j}^{m_j} = \left(\prod_{j=1, j \neq i}^{q} h_j^{m_j} \right)^{z_i} \tag{11.7}$$

验证 m_i 则根据 C 及相应的 Λ_i 验证，即

$$e(C / h_i^{m_i}, h_i) = e(\Lambda_i, g) \tag{11.8}$$

更新 m_i 为 m_i'，即令 $C' = C \cdot h_i^{m_i' - m_i}$。若 Λ_i 并非即时生成，与数据一同上传，则需对所有 $i \neq j$ 的 Λ_j 进行更新，$\Lambda_j' = \Lambda_j \cdot (h_i^{m_i' - m_i})^{z_j} = \Lambda_j \cdot h_{i,j}^{m_i' - m_i}$。

11.3　改进的 Merkle 树

在云数据库环境中，当用户所提交查询关键字不存在时，云端往往难以给出证明。因而，云端可以隐瞒查询结果，从而欺骗用户。对此，基于传统 Merkle 散列树，本节构建了一种新的数据完整性检验结构 NMT 树，使云端可以对不存在于云端的关键字提供不存在的证明。

Merkle 散列树（Merkle hash tree，MHT）由 Merkle 于 1989 年提出。由于其可以较少的代价鉴定数据，故在云存储数据中广泛用于数据完整性检验。树中父节点值由两个子节点中数据共同生成，故根节点数据由树中所有节点共同生成。对该节点签名可视作对整个树进行签名，从而保证内容的完整性（即不可篡改性）。

11.3.1　初始构造

树中包含两类节点，即 N_L、N_P，其中 N_L 为叶子节点，N_P 为非叶子节点。设 $h()$ 为任意单向抗碰撞散列函数（如 SHA-1），"$\|$" 为连接符号，算法 BH() 为获取前缀操作，设 $\mathrm{hp}_1 = 00010000$，$\mathrm{hp}_2 = 00100100$，则 $\mathrm{BH}(\mathrm{hp}_1, \mathrm{hp}_2) = 00$。任意叶子节点 $N_l \in N_L$（$N_l = \{\mathrm{hp}_{N_l}, \mathrm{acc}(q), \mathrm{hc}_{N_l}\}$）是包含三个元素的元组。其中，$\mathrm{hp}_{N_i} = h(q)$ 为元素 q 的散列值，$\mathrm{acc}(q)$ 为元素 q 对应双线性累加值，$N_l = h[\mathrm{hp}_{N_l} \| \mathrm{acc}(q)]$。任意非叶子节点 $N_p \in N_P$，其必有左子节点 $N_{p,l}$ 及右子节点 $N_{p,r}$，相应 $N_p = \{\mathrm{hp}_{N_p}, \mathrm{hc}_{N_p}\}$，$\mathrm{hp}_{N_p} = \mathrm{BH}(\mathrm{hp}_{N_{p,l}}, \mathrm{hp}_{N_{p,r}})$ 为其对应子节点中 $\mathrm{hp}_{N_{p,l}}$ 与 $\mathrm{hp}_{N_{p,r}}$ 的最长公共前缀。$\mathrm{hc}_{N_p} = h(\mathrm{hp}_{N_p} \| \mathrm{hc}_{N_{p,l}} \| \mathrm{hc}_{N_{p,r}})$。

　　如图 11.1 所示，(x_1, x_2, x_3, x_4) 为四个叶子节点数据，N_7 为根节点的散列值。根据任意节点 N_i 与其相应的完整性检验路径（integrity authentication path，IAP）集合 Ω_{x_i}，即该节点到根节点路径上所有节点的兄弟节点散列值（siblingnode）可以计算出根节点值 root。若需鉴定 N_1，$\Omega_{x_1} = \{N_2, N_6\}$，通过 x_i 与集合 Ω_{x_i} 可以计算出 root 值。定义算法 $F(x_i, \Omega_{x_i})$ 为推导根节点算法，用以验证数据完整性。例如

$$
\begin{aligned}
F(x_1, \Omega_{x_1}) &= \{\mathrm{BH}(\mathrm{hp}_{N_5}, \mathrm{hp}_{N_6}), h(\mathrm{BH}(\mathrm{hp}_{N_5}, \mathrm{hp}_{N_6}) \parallel N_5 \parallel N_6)\} \\
&= \{\mathrm{BH}(\mathrm{BH}(\mathrm{hp}_{N_1}, \mathrm{hp}_{N_2}), \mathrm{hp}_{N_6}), \\
&\qquad h(\mathrm{BH}(\mathrm{BH}(\mathrm{hp}_{N_1}, \mathrm{hp}_{N_2}), \mathrm{hp}_{N_6}) \parallel h(\mathrm{BH}(\mathrm{hp}_{N_1}, \mathrm{hp}_{N_2}) \parallel N_1 \parallel N_2) \parallel N_6)\} \\
&= \{0, h(0 \parallel \{00, h(00 \parallel N_1 \parallel N_2)\} \parallel N_6)\} \\
&= \mathrm{root}
\end{aligned}
\tag{11.9}
$$

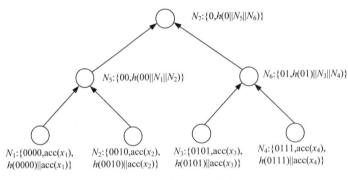

图 11.1　构造 NMT 树

11.3.2　节点查找与验证

　　若所求关键字 q_i 存在，通过计算 $\mathrm{hp} = h(q_i)$，找到与之相等的 hp_{N_i} 即可找到对应叶子节点 $N_i \in N_L$，同时返回路径 Ω_{N_i} 集合中所有节点的 hc 值。若所求关键字 q_i 不存在，则计算 $\mathrm{hp} = h(q_i)$，找到与 hp 最能匹配节点 $N_i \in N_P$，其中，hp_{N_i} 为 hp 最长公共前缀节点。同时返回路径 Ω_{N_i} 集合中所有节点的 hc 值及 N_i 两个子节点 $N_{i.l}$、$N_{i.r}$。若找到关键词对应节点 N_i，比较 $\mathrm{hp}_{N_i} = h(q_i)$ 及 $\mathrm{hc}_{N_i} = h[\mathrm{hp}_{N_i} \parallel \mathrm{acc}(q)]$。若成立，利用 Ω_{N_i} 及 N_i 中 hc 推导根节点 root 值，即验证

$$
F(N_i, \Omega_{N_i}) = \mathrm{root}
\tag{11.10}
$$

　　若未能找到关键词对应节点，比较 hp_{N_i} 是否为 $\mathrm{hp} = h(q_i)$ 前缀及 $\mathrm{hp}_{N_{i.l}}$、$\mathrm{hp}_{N_{i.r}}$ 均不为 hp 前缀，即验证式（11.8）及

$$
\mathrm{BH}(\mathrm{hp}_{N_i}, \mathrm{hp}) = \mathrm{hp}_{N_i}
\tag{11.11}
$$

$$
\begin{cases}
\mathrm{BH}(\mathrm{hp}_{N_{i.l}}, \mathrm{hp}) \neq \mathrm{hp}_{N_{i.l}} \\
\mathrm{BH}(\mathrm{hp}_{N_{i.r}}, \mathrm{hp}) \neq \mathrm{hp}_{N_{i.r}}
\end{cases}
\tag{11.12}
$$

$$\text{hc}_{N_i} = h(\text{hp}_{N_i} \parallel N_{i.l} \parallel N_{i.r})$$ 　　（11.13）

11.3.3　节点修改

1. 节点添加

如图 11.2 所示，节点 N_a 添加进树中，则寻找最能匹配节点 N_b 作为兄弟节点，共同生成父节点 N_p，hp_{N_p} 为其共同前缀 $\text{hp}_{N_a}, \text{hp}_{N_b}$，同时更新 N_a 到 root 中所有节点 N_i 中 hc 的值。

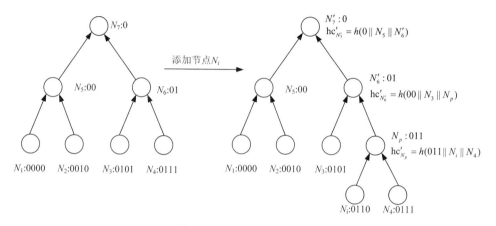

图 11.2　NMT 树中添加节点

2. 节点移除

如图 11.3 所示，移除节点 N_a，则同时删除父节点 N_p，其兄弟节点 N_b 继承原父节点位置，同时更新 N_b 到 root 中所有节点 N_i 中 hc 的值。

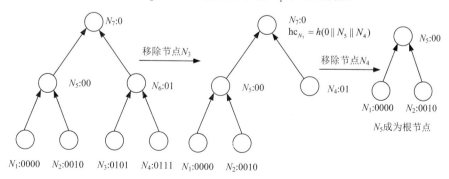

图 11.3　NMT 树中移除节点

3. 节点修改

修改节点 N_a ，即修改其中 $\mathrm{acc}(q)$ 的值，同时更新 N_a 到 root 中所有节点 N_i 中 hc 的值。

11.4　提出算法

本节利用提出的 NMT 树，设计一种能对数据存在与否做出证明的数据完整性检验方案，并对其有效性及效率进行分析。本方案包括基于广播加密的密钥分发和使用者权限动态管理两部分，利用 Merkle 树和双线性映射累加器构造搜索结果完整性证明以及利用 VC 方法构造数据更新证明。算法包括以下几个阶段。

1. 系统建立（1^λ）

输入安全参数 λ ，产生双线性群 G ，在其中随机选择生成元 $g \in G$ 。随机选择 $\alpha \in Z_p$ 、$\gamma \in Z_p$ ，$t \in Z_p$ 对于系统中所有存在 n 个成员 $I = \{1, 2, \cdots, n\}$ ，$i = 1, 2, \cdots, n, n+2, \cdots, 2n$ ，计算 $g_i = g^{(\alpha^i)}$ 。选取 SHA-1 作为 Hash 函数，记作 $h()$ 。对于任意成员 $i \in I$ ，计算 $d_i = g_i^\gamma \in G$ 作为自身私钥。计算 $K = e(g_{n+1}, g)^t = e(g, g)^{t\alpha^{n+1}} \in G$ 作为群签名密钥。将 $K \in G$ 映射为 $K_z \in Z_p$ 。选取对称加密算法 Enc，如 AES，随机选定密钥 k 、$s \in Z$ ，其中 k 用于加密数据，加密 k 得到 $k_{\mathrm{enc}} = \mathrm{Enc}(K_z, k)$ ，加密 s 得 $s_{\mathrm{enc}} = \mathrm{Enc}(K_z, s)$ 。计算 $v = g^\gamma \in G$ ，$\mathrm{Hdr} = \left(g^t, \left(v \cdot \prod_{j \in S} g_{n+1-j}\right) \right) \in G^2$ ，其中 $S \subseteq I$ 为拥有权限成员集合，$j \in S$ 为授权用户。令 $\mathrm{PK}_{\mathrm{sign}} = (g, g_1, g_2, \cdots, g_n, g_{n+2}, \cdots, g_{2n}, v) \in G^{2n+1}$ 。公开 $\{H, k_{\mathrm{enc}}, s_{\mathrm{enc}}, \mathrm{Hdr}, \mathrm{PK}_{\mathrm{sign}}\}$ 。

2. 数据外包

随机选择 $\mathrm{sk} \in Z_p$ ，计算 $\mathrm{pk} = g^{\mathrm{sk}}$ 。将 K 映射为 $K_z \in Z_p$ ，计算 $\mathrm{rk} = \mathrm{sk}/K_z$ 。对于待外包数据库中 q 个属性 $(A_1, A_2, \cdots, A_q)$ ，选择对应 q 个随机数 $(z_1, z_2, \cdots, z_q) \in Z_p$ ，对任意数据 $(a_{i1}, a_{i2}, \cdots, a_{iq})$ ，加密 $m_i = \mathrm{Enc}(k, a_i)$ 得到密文 $(m_{i1}, m_{i2}, \cdots, m_{iq})$ ，计算 $C_i = (h_1^{m_{i1}} h_2^{m_{i2}} \cdots h_q^{m_{iq}})^{\mathrm{sk}} = (h_1^{m_{i1}} h_2^{m_{i2}} \cdots h_q^{m_{iq}})^{K_z \cdot \mathrm{rk}}$ 。以所有 C_i 作为叶节点构建 Merkle 树 Ctree，使用自身私钥对根节点 Croot 进行签名。计算 $\mathrm{pp} = (g, \{h_i\}_{i \in [q]}, \{h_{i,j}\}_{i,j \in [q]})$ 。对数据库中所有不重复元素 a_r ，通过其所在所有共 l 行标号 $L = \{i_1, i_2, \cdots, i_l\} \in Z_p^l$ ，得 $\mathrm{acc}(a_r) = g^{\prod_{i_j \in L} (i_j + s)} \in G$ 及 $\mathrm{hp}_{N_r} = h(a_r)$ 生成 $N_r = \{\mathrm{hp}_{N_r},$

$acc(a_r), h_c) \in N_L$ 作为叶子结点，并生成相应 NMT 树。令 b 为关键词对应集合的上界，计算辅助信息 $B = \{g^{s^i} : 0 \leqslant i \leqslant b\}$。对根节点 NMTroot 进行签名。上传数据及 $\{pp, B, Ctree, NMT\}$ 至云端。公开 $\{Croot, NMTroot, \{h_i\}_{i \in [q]}\}$。

3. 数据搜索

（1）搜索请求提交

有权限用户 i 通过 $Hdr = (C_0, C_1)$ 及自身持有私钥 d_i 计算

$$K = \frac{e(g_i, C_1)}{e(d_i \cdot \prod_{j \in S, j \neq i} g_{n+1-i-j}, C_0)} \tag{11.14}$$

式中，K 为群密钥，得出 K_Z，解密 $k = Dec(K_Z, k_{enc})$，$s = Dec(K_Z, s_{enc})$。选取 l 个搜索关键词 $(q_1, q_2, \cdots, q_l)$，生成相应密文 $(m_1, m_2, \cdots, m_l)$。选取 $(A_{x1}, A_{x2}, \cdots, A_{xt})$ 为所需 t 个属性。生成请求 (τ, σ) 提交，$\sigma = [h(\tau)]^{K_Z}$，$\tau = [search, (m_1, m_2, \cdots, m_l), (A_{x1}, A_{x2}, \cdots, A_{xt})]$，其中 h 为选定的 Hash 函数。

（2）搜索结果生成

云端检查

$$e(\sigma^{rk}, g) = e[h(\tau), pk] \tag{11.15}$$

若成立，则对关键词 $(q_1, q_2, \cdots, q_l)$ 进行搜索，并返回结果。若关键词 q_i 不存在，则返回 NMT 中相应节点 N_i、$N_{i.l}$、$N_{i.r}$ 及 Ω_{N_i} 中所有节点中 hc 值。若所有关键词均存在，对于所有关键词 $q_i \in (q_1, q_2, \cdots, q_l)$，返回 NMT 中所有 q_i 对应的 N_i、Ω_{N_i}，根据式（11.3）和式（11.4）计算所有 q_i 相应的 $Cwit_{I,N_i}$，Wit_{I,N_i}。返回搜索结果集合 I 中包含的 ρ 个条目 $(m_{1x1}, m_{1x2}, \cdots, m_{1xt}), \cdots, (m_{\rho x1}, m_{\rho x2}, \cdots, m_{\rho xt})$、相应的 $C_1, C_2, \cdots, C_\rho$ 及其对应 Ω_{C_i} 以及所有 m_i 对应的 Λ_i。其中，$\Lambda_i = \prod_{j=1, j \neq i}^{q} h_{i,j}^{m_j} = \left(\prod_{j=1, j \neq i}^{q} h_j^{m_j} \right)^{z_i}$ 由云端 $\{h_{i,j}\}_{i,j \in [q]}$ 及同一行中其他元素 m_j 求出。

（3）搜索结果验证

若关键词 m_{xi} 不存在，根据式（11.10）～式（11.13）验证返回 $N_{m_{xi}}$、$N_{m_{xi}.l}$、$N_{m_{xi}.r}$ 及 $\Omega_{N_{m_{xi}}}$ 是否符合。若通过验证，接受结果。若所有关键词 $(m_{x1}, m_{x2}, \cdots, m_{xl})$ 均存在，验证所有 m_{xi} 对应的 $N_{m_{xi}}$、$\Omega_{N_{m_{xi}}}$ 是否正确，即无论返回集合 I 中有无元素，均验证

$$\prod_{i=1}^{l} e(Wit_{I,N_i}, Cwit_{I,N_i}) = e(g, g) \tag{11.16}$$

$$e\left(g^{\prod_{t \in l}(t+s)}, \prod_{i=1}^{l} Wit_{I,N_i} \right) = \prod_{i=1}^{l} e[acc(q_i), g] \tag{11.17}$$

若 I 中不包含元素，则接受结果。否则，对返回 ρ 个条目 $(m_{1x1}, m_{1x2}, \cdots, m_{1xt}), \cdots,$

$(m_{\rho x1}, m_{\rho x2}, \cdots, m_{\rho xt})$ 及相应 $C_1, C_2, \cdots, C_\rho$，验证所有

$$F(C_i, \Omega_{C_i}) = \text{Croot} \tag{11.18}$$

$$e\left(\frac{C_i}{h_i^{m_{ij}}}, h_i\right) = e(\Lambda_{ij}, \text{pk}) \tag{11.19}$$

若均成立，则接受结果，解密 $a_i = \text{Dec}(k, m_i)$ 得到明文；否则拒绝。

4. 数据更新

（1）数据添加

用户需要添加数据 $(a_1, a_2, \cdots, a_q)$，使用密钥 k 加密得到 $(m_1, m_2, \cdots, m_q)$，同时生成标号 r。计算 $C_r' = (h_1^{m_{i1}} h_2^{m_{i2}} \cdots h_q^{m_{iq}})^{K_z}$，生成请求 (τ, σ)。其中，$\tau = (\text{add}, (m_1, m_2, \cdots, m_q), C_r')$，$\sigma = [h(\tau)]^{K_z}$。云端验证用户身份，若式（11.15）成立，计算 $C_r = (C_r')^{rk}$，将 C_r 插入 Ctree，更新 Croot，生成相应证明路径 Ω_{C_r}。对所有提交数据 $(m_1, m_2, \cdots, m_q)$，若 m_i 存在于 NMTtree 中，更新节点 N_{m_i} 中 $\text{acc}'(m_i) = \text{acc}(m_i)^{s+r}$（虽然云端并不拥有 s 值，利用多项式展开及云端存储 $B = \{g^{s^i} : 0 \leq i \leq b\}$ 可以计算得出），同时更新其到根节点路径上包括 NMTroot 所有节点的 hc 值。若 m_i 不存在于 NMTtree 中，生成新节点 $N_{m_i} = \{h(m_i), \text{acc}(m_i), h(h(m_i) \| \text{acc}(m_i))\} \in N_L$，其中 $\text{acc}(m_i) = g^{s+r} = g^s g^r$。将 N_{m_i} 加入 NMTtree，更新路径。每一次更新 m_i 计算相应 NMTroot_i，更新前搜索结果 N_i'、$\Omega_{N_i'}$ 或 N_i'、$N_{i,l}'$、$N_{i,r}'$、$\Omega_{N_i'}$，更新后搜索结果 N_i。同时返回 C_r、Croot 以及相应路径 Ω_{C_r}。用户接受结果，验证

$$e(\text{pk}, C_r') = e(g, C_r) \tag{11.20}$$

$$F(C_i, \Omega_{C_i}) = \text{Croot} \tag{11.21}$$

对每一步更新进行证明，若之前存在元素 m_i，检查更新前

$$F(N_i', \Omega_{N_i'}) = \text{NMTroot}_{i-1} \tag{11.22}$$

及更新后

$$F(N_i, \Omega_{N_i'}) = \text{NMTroot}_i \tag{11.23}$$

若不存在元素 m_i，根据式（11.10）~式（11.13）检查 N_i'、$N_{i,l}'$、$N_{i,r}'$ 是否正确，选择 $N_{i,l}'$、$N_{i,r}'$ 中与 N_i 共同前缀更长者作为 N_i 兄弟节点，同时把其 hc 加入 $\Omega_{N_i'}$ 作为第一项，检查更新前后式（11.22）、式（11.23）是否成立。以上均成立，接受更新证明。最终 NMTroot_q 作为 NMT 的新根节点 NMTroot。签名公开 NMTroot、Croot。

（2）数据删除

生成请求 (τ, σ) 提交，其中，$\sigma = (h(\tau))^{K_z}$，$\tau = (\text{delete}, (m_{t1}, m_{t2}, \cdots, m_{tl}))$。云端验证用户身份，若合格，搜索 $(m_{t1}, m_{t2}, \cdots, m_{tl})$ 数据。若关键词不存在或结果为空集，返回搜索结果及证明。若结果 I 中有 ρ 个条目 $(m_{11}, m_{12}, \cdots, m_{1q}), \cdots, (m_{\rho 1}, m_{\rho 2}, \cdots, m_{\rho q})$，

即依次删除每一行数据。将每一行数据 $(m_1, m_2, \cdots, m_q)$，标号 r 删除。即将 C_r 移出 Ctree，更新 Croot。对于元素 m_i，计算 $\mathrm{acc}'(m_i) = \mathrm{acc}(m_i)^{-(s+r)}$，更新节点。若 $\mathrm{acc}'(m_i) = g$ 即 m_i 已不在数据库中，删除节点 N_{m_i}。每一次更新 m_i 计算相应 $\mathrm{NMTroot}_{m_i}$，更新前搜索结果 N_i'、$\Omega_{N_i'}$，更新后搜索结果 N_i 或 N_i、$N_{i.l}$、$N_{i.r}$。同时搜索返回 C_r、Croot 以及相应路径 Ω_{C_r}。用户验证返回搜索结果是否正确。若返回结果正确完整，通过每一步验证 C_r 是否即将正确移除。验证每一步删除操作，若删除 m_i 后元素 m_i 依旧存于数据库中，检查更新前后式（11.22）、式（11.23）是否成立，$\mathrm{acc}'(m_i) = \mathrm{acc}(m_i)^{-(s+r)}$ 是否成立；删除后元素 m_i 不存在于数据库中，根据式（11.10）～式（11.13）检查 N_i'、$N_{i.l}'$、$N_{i.r}'$ 是否正确，更新前后式（11.22）、式（11.23）是否成立。以上均成立，接受更新证明。最终 $\mathrm{NMTroot}_q$ 作为 NMT 的新根节点 NMTroot。签名公开 NMTroot、Croot。

（3）数据修改

生成请求 (τ, σ) 提交云端，其中，$\tau = (\mathrm{update}, (m_{t1}, m_{t2}, \cdots, m_{tl}), (A_{x1}, m_{x1}', A_{x2}, m_{x2}', \cdots, A_{xt}, m_{xt}'))$，其中 $(m_{t1}, m_{t2}, \cdots, m_{tl})$ 定位修改位置的行号，$(A_{x1}, m_{x1}', A_{x2}, m_{x2}', \cdots, A_{xt}, m_{xt}')$ 中的 A_{x1} 表示相应属性，m_{x1}' 表示修改后的值；$\sigma = [h(\tau)]^{K_Z}$。云端验证用户身份，返回搜索结果及证明。用户验证搜索结果，结果为空，则接受结果。若不为空集，即若结果 I 中有 ρ 个条目 $(m_{1x1}, m_{1x2}, \cdots, m_{1xt}), \cdots, (m_{\rho x1}, m_{\rho x2}, \cdots, m_{\rho xt})$，根据一行数据 $(m_{x1}, m_{x2}, \cdots, m_{xt})$ 及标号 r 计算依次修改每条每一行数据。对于数据 $(m_1, m_2, \cdots, m_t)$ 标号 r，计算

$$C_r'' = (h_{x1}^{m_{x1}' - m_{x1}} h_{x2}^{m_{x2}' - m_{x2}} \cdots h_{xt}^{m_{xt}' - m_{xt}})^{K_Z} \tag{11.24}$$

提交云端。云端计算

$$C_r''' = C_r \cdot (C_r'')^{rk} = (C_r \cdot h_{x1}^{m_{x1}' - m_{x1}} h_{x2}^{m_{x2}' - m_{x2}} \cdots h_{xt}^{m_{xt}' - m_{xt}})^{rk \cdot K_Z} \tag{11.25}$$

作为修改后 VC 值 C_r，并更新 Ctree。

对于每个以上找出数据，对 NMT 中对应节点依次更新生成证明。同时对 $(m_{x1}', m_{x2}', \cdots, m_{xt}')$ 对应所有节点，计算 $\mathrm{acc}'(m_{xi}') = \mathrm{acc}(m_{xi}')^{\prod_{r \in I}^{(s+r)}}$，其中若该节点之前不存在，即令 $\mathrm{acc}'(m_{xi}') = g$，同时生成新节点。云端返回每一步更新证明（即类似添加、删除操作每步更新证明）。User 验证每一步更新证明，最终 $\mathrm{NMTroot}_q$ 作为 NMT 的新根节点 NMTroot。签名公开 NMTroot、Croot。

5. 用户权限管理

（1）用户添加

不需改变 $K = e(g_{n+1}, g)^t = e(g, g)^{t\alpha^{n+1}} \in G$ 值即可添加新用户。授予新成员 k 数据库操作权限，令 $\mathrm{Hdr} = (C_0, C_1) = \left(g^t, (v \cdot \prod_{j \in S} g_{n+1-j})\right) \in G^2$，其中 $C_1' = C_1 \cdot (v \cdot g_{n+1-k}) =$

$(v \cdot \prod_{j \in S+k} g_{n+1-j})$，$\text{Hdr}' = (C_0, C_1')$ 为新群公钥即可。

（2）用户移除

由于成员移除之前持有过密钥 $K = e(g_{n+1}, g)^t = e(g,g)^{t\alpha^{n+1}} \in G$，故移除用户 k 需更新该值。此时令 $K' = e(g_{n+1}, g)^{t'} = e(g,g)^{t'\alpha^{n+1}} \in G$，$\text{Hdr}' = (C_0', C_1') = \left(g^{t'}, (v \cdot \prod_{j \in S-k} g_{n+1-j}) \right) \in G^2$ 作为新密钥。其中，t' 为随机数 $t' \in Z_p$，同时令 $rk' = \text{sk} / K_Z'$ 上传云端。

11.5　算法有效性分析

本章从关键词搜索结果完整性、数据更新正确性与有效性和用户权限动态管理有效性三个方面进行算法有效性分析。

11.5.1　关键词搜索结果完整性

若云端告知查询关键词不存在，必定返回与该关键词散列值最相近节点 N_p，作为其前缀节点。同时返回该前缀节点两子节点 $N_{p.l}$、$N_{p.r}$ 以验证。若云端欺骗用户即该关键词本身存在，则必定存在相应叶子节点 N_i，且 N_i 一定为返回 N_p 子节点。若 N_i 为 N_p 子节点，其必为 $N_{p.l}$ 或 $N_{p.r}$ 子节点。比较 $N_{p.l}$、$N_{p.r}$ 与 N_i，若其前缀均不匹配，则可以确信该节点的确不存在。对于所有存在关键词，即使返回结果不包含元素，均可以通过检验子集条件和完备性条件以确定返回结果位置准确性及内容完整性。利用双线性累加器可以构造式（11.16）、式（11.17）两个判定。若其均成立，则返回集合为完备集合。

11.5.2　数据更新正确性与有效性

数据库更新主要有增加、删除、修改等操作。对其操作均同时更新第 r 条数据对应 C_r、Croot 值及 Ctree 中相应路径上节点值。对 C_r 值的更改均需要用户参与，同时每次修改都会反映到 Croot 上并得到验证。故保证了每次更新操作都会在数据库中得到正确的反映。同时对于每个数据插入、删除均会修改 NMT 中的数据。通过每步修改证明可以确保每个元素修改的正确性均得到审视。故该方法保证了数据更新的准确有效性，同时保证了数据库的新鲜性。

11.5.3　用户权限动态管理有效性

当用户有权限操作数据库，则其利用式（11.14）及自身私钥 d_i 可解析群密钥得到 K_Z 以生成请求签名，获取 $k = \text{Dec}(K_Z, k_{\text{enc}})$、$s = \text{Dec}(K_Z, s_{\text{enc}})$ 用以解析数据明

文 $a_i = \mathrm{Dec}(k, m_i)$ 及验证数据完整性。当 CSP 未获得有权用户请求时，其无法擅自更新数据并被认可。添加新用户只需更新全局公钥 Hdr 即可，删除用户需更新群密钥 K、公钥 Hdr 及云端重签名密钥 rk。因而当用户移除时，该用户无法生成有效签名向云端发送请求，因此它也不能生成有效证明更新数据。同时，对有权限用户的操作请求，CSP 及 DO 无法辨别提请操作用户身份，从而保证了用户的隐私。

11.6　实验与性能分析

本节分别对证明构造阶段及结果验证阶段的计算开销和存储开销进行分析，通过实验仿真测试方案在实际中的具体表现。在实验中，整个方案采用 Java 语言实现。利用 JPBC 库实现群相关运算，其中群阶为 160 位，基本域阶为 512 位。所有数据均在 Windows 10（CPU 2.30GHz，RAM 8GB）下测得。对于 n 个成员集合，令 S 为授权用户集合。故系统初始化广播加密系统需要 $O(n)$ 的时间开销，即 $\mathrm{PK}_{\mathrm{sign}}$ 生成为 $O(n)$，所有成员私钥 d_i 生成需要 $O(n)$，Hdr 生成时间为 $O(S) < O(n)$。其只在成员变动时修改，故其对系统整体效率影响不大。对任意成员其解密通信开销为 $O(S)$，即需要获得 $O(S)$ 的数据方能解密信息。同时其解密算法时间开销也为 $O(S)$。由此可推知授权用户解密时间与授权成员数量成正比，图 11.4 所示为 $n=1000$ 时广播密文解密时间。可以看出，其基本随成员数量 S 增长线性增加。

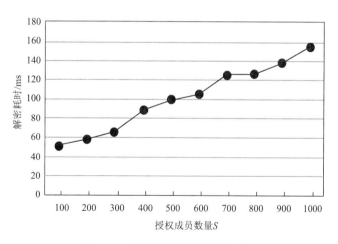

图 11.4　成员数量与解密密钥时间

对于数据库中 r 条数据 q 个属性，需要构造 NMT 及 VC 用以生成证明。其中，节点生成 $\mathrm{acc}(m)$ 时间开销为 $O(L_m)$，包括 L_m 次群乘法与一次幂运算，其中，L_m 为关键词 m 对应条目标志，如图 11.5 所示，其随关键词 m 增长线性增加。故生成 NMT 中所有叶节点的总时间开销为 $O(r \times q)$。总共生成 l 个节点，共同构造树 NMT

需要 $l-1$ 次插入操作，故其生成时间代价为 $O(l-1)$。如图 11.6 所示，NMT 构造时间与叶子节点数量成正比。生成 VC 对应辅助信息 pp 需要 q^2 次群幂运算，其时间代价为 $O(q^2)$。由于整个数据库只需生成一次，其对整体效率影响不大，存储代价也为 $O(q^2)$。对一行数据，生成 VC 需要 q 次群乘法与幂运算，故整个数据库时间代价为 $O(r\times q)$，相应增加存储代价为 $O(r)$。

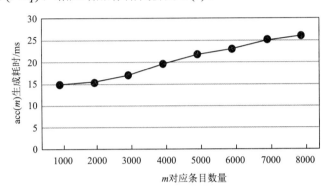

图 11.5 关键词累加器生成时间与对应数据数量

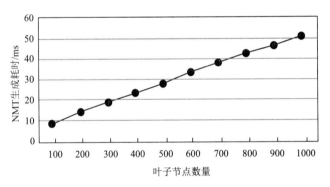

图 11.6 NMT 构造时间与叶子节点数量关系

云端生成需要进行扩展欧几里得算法生成证明，其时间复杂度与相应关键词 k 对应元素数量及搜索结果有关。对任意数据 m，对应证明 Λ_m 由 $q-1$ 次群乘法与幂运算得出，故对 ρ 条 t 个属性结果，时间代价为 $O(\rho tq - \rho t)$。同时需要返回树 NMT 上相应节点及路径，故增加传输代价为 $O(\rho t + \rho\log_2 r + k\log_2 l)$。用户验证每对 m、Λ_m 仅需一次群内幂运算及一次除法运算，验证 NMT 上每个树中节点准确性需要 $\log_2 l$ 次 Hash 运算。Ctree 上节点需要 $\log_2 r$ 次 Hash 运算，故本地验证时间复杂度为 $O(\rho t + k\log_2 l + \rho\log_2 r)$。

小　结

　　外包数据库技术可以使人们更加高效率、低成本地存储和共享数据。本章提出一种新的数据完整性验证方法，并在此基础上构造了一种新的数据库外包方案。其中广播加密通过分发密钥的方式实现了用户的权限动态管理，其可以在不安全信道中有效保证密文机密性，同时保证用户隐私即云端无法探知数据库操作请求的发起者。本章提出的改进 Merkle 树可以在不依赖三方的前提下提供数据存在性证明，同时可以支持多关键词搜索及其结果的完整性检验。同时，本方案支持对数据库的更新操作，即添加、删除及修改，所有更新操作均可以在本地进行验证。本章切实可行并且效率可观，能有效提高外包数据库的安全性。今后工作将集中于数据密文搜索处理方面，如同态加密等技术，设计可用性更高的云存储及外包数据库算法。

参 考 文 献

[1]　ZHANG J. Review of big data: A revolution that will transform how we live, work and think, by Kenneth Cukier and Viktor Mayer-Schönberger[J]. Information Polity, 2014, 19: 157-160.

[2]　MEHROTRA S. Providing database as a service[M]. New York: IEEE Press, 2002.

[3]　MATHER T, KUMARASWAMY S, LATIF S. Cloud security and privacy: an enterprise perspective on risks and compliance[M]. Sebastopol: O'Reilly Media, Inc, 2009.

[4]　SHMUELI E, VAISENBERG R, ELOVICI Y, et al. Database encryption: an overview of contemporary challenges and design considerations[J]. ACM Sigmod Record, 2010, 38(3): 29-34.

[5]　SHAIKH F B, HAIDER S. Security threats in cloud computing[C]// Internet Technology and Secured Transactions. Abu Dhabi: IEEE, 2012: 214-219.

[6]　AMOS F, MONI N. Broadcast encryption[C]// Advances in Cryptology. Santa Barbara: Springer, 1993: 480-491.

[7]　DAN B, GENTRY C, WATERS B. Collusion resistant broadcast encryption with short ciphertexts and private keys[C]// Advances in Cryptology. Santa Barbara:Springer, 2005:258-275.

[8]　WANG J, CHEN X, HUANG X, et al. Verifiable auditing for outsourced database in cloud computing[J]. IEEE Transactions on Computers, 2015, 64(11): 3293-3303.

[9]　BLOOM B H. Space/time trade-offs in hash coding with allowable errors[J]. Communications of the ACM, 1970, 13(7): 422-426.

[10]　CHEN F, XIANG T, FU X, et al. Towards verifiable file search on the cloud[C]// Communications and Network Security. San Francisco: IEEE, 2014: 346-354.

[11]　Security guidance for critical areas of focus in cloud computing v3.0[EB/OL]. (2017-7-26)[2019-3-26]. https://cloudsecurityalliance.org/group/security-guidance.

[12]　MERKLE R C. A digital signature based on a conventional encryption function[C]// Advances in Cryptology. Santa Barbara: Springer, 1987: 369-378.

[13]　CATALANO D, FIORE D. Vector commitments and their applications[M]// Public-Key Cryptography. Nara: Springer, 2013: 55-72.

[14]　NGUYEN L. Accumulators from bilinear pairings [C]// Cryptographers' Track at the RSA Conference(CT-RSA 2005). San Francisco: Springer, 2005: 275-292.

[15]　AU M H, TSANG P P, SUSILO W, et al. Dynamic universal accumulators for DDH groups and their application to attribute-based anonymous credential systems[C]// The Cryptographers' Track at the RSA Conference. San Francisco: Springer, 2009: 295-308.

[16]　LEWKO A, SAHAI A, WATERS B. Revocation systems with very small private keys[C]// IEEE Symposium on Security and Privacy. Berkeley: IEEE Computer Society, 2010: 273-285.